北京大学区域国别研究丛书

世界社会的文化多样性
中国人类学的视角

高丙中 马强 主编

The World Society with Cultural Diversities

A Chinese Anthropological Perspective

商務印書館
创于1897 The Commercial Press

图书在版编目(CIP)数据

世界社会的文化多样性:中国人类学的视角/高丙中,
马强主编.—北京:商务印书馆,2020
(北京大学区域国别研究丛书)
ISBN 978-7-100-18678-0

Ⅰ.①世… Ⅱ.①高… ②马… Ⅲ.①人类学—
中国—文集 Ⅳ.①Q98-53

中国版本图书馆 CIP 数据核字(2020)第 104534 号

北京大学区域国别研究丛书
世界社会的文化多样性
中国人类学的视角
高丙中　马强　主编

商 务 印 书 馆 出 版
(北京王府井大街 36 号　邮政编码 100710)
商 务 印 书 馆 发 行
北京艺辉伊航图文有限公司印刷
ISBN 978-7-100-18678-0

2020 年 9 月第 1 版　　　　开本 710×1000　1/16
2020 年 9 月北京第 1 次印刷　印张 16¾　插页 1
定价:58.00 元

彩图 1　女巫医将线圈绕过母女俩的身体

彩图 2　《东正教堂与文化宫》作者与熊村文化宫演员在一起

彩图 3　橄榄园意大利餐厅工作人员完成提供午餐服务之后，
与中镇仁人舍工作人员在即将完成的仁人舍房屋前合影

彩图 4　德国巴符州罗伊特林根市格明德斯村的
"工人住宅区"（摄于 2008 年 6 月）

"北京大学区域国别研究丛书"
总　　序

钱乘旦

"北京大学区域国别研究丛书"是北京大学区域与国别研究院主持出版的一套丛书,旨在推动我国的区域与国别研究,向读者推介这个领域内高水平的学术成果,为有志于该领域的学者尤其是北大学者提供方便的传播渠道,并且为社会各界开辟一个集中阅读的园地。

对区域与国别进行研究,已经是当下中国一项刻不容缓的学术任务,需要学者们尽心投入,需要政府的大力扶持,更需要全社会的关注与倡导。中国正在迈步走向世界,但障碍之一就是不了解世界,对外国的情况似懂非懂,对一些国家和地区甚至一无所知。中国要发挥世界性作用,或者解决因走向世界而面临的新问题,不了解世界是做不到的。而所谓了解,不是最低限度的知晓常识或毛皮琐事,而是在学术研究基础上的领悟,是了如指掌的沁透心脾,是根枝叶茎的全盘掌握。一个人举手投足,他头脑里想什么都会不自觉地表露出来。我们对世界的了解就需要有这样的深度——从任何人的行为表象看到其思想的根、文化的根、社会的根,由此看懂他的目标所在——这个深度,就要靠区域国别研究来提供。

区域国别研究是什么？笔者多次指出：它是一个领域，包括众多学科；它是一个跨学科的领域，只有进行跨学科的研究，才能真正和全面了解世界各个国家和地区。因此对区域与国别研究的要求会非常高，只有多学科高水平的专家们协同合作，才有可能做一个真正的"区域与国别研究"。现有学科目录下的任何一个学科都无法单独支撑这个领域，只有共同努力，才能达成目标。出于这种认识，我们这套书就要尽可能囊括多个学科的研究成果，学科涉及面越大，丛书的价值就越高。多学科研究只有一个公分母，那就是从不同角度、不同维度对某个国家或地区相关的问题进行观察和研讨，最终拿出高质量的成果。经过多年努力，我希望这套书成为一个百花园。读者在这个园子里看到的不仅是文科之花，也有理科工科之花，医科农科艺术之花……所以，我们欢迎各科学者都到这个园子里来栽花，让它成为名副其实的百花园。

中国的区域国别研究刚起步，它最需要的是人才，而我们最缺乏的恰恰是人才。所以，这套书也是一个人才培养的园地，我们希望看到更多的年轻学者加入到作者行列中来，通过写书和出书既培养自己，同时也推动区域与国别研究的队伍建设。从事区域国别研究有一些基本要求，比如语言要求（研究对象国的语言能力）、经历要求（在对象国有较长期的生活经历）、专业要求（有特定的专业学术素养），等等。这些要求是青年学者必须具备的，也是我们评判入选丛书的学术标准之一。

本丛书出版得到北京大学校方的全面支持，没有这些支持，也就没有这套书。本丛书也得到各位作者的通力配合，没有他们配合，我们做不出这套书。本丛书在商务印书馆的大力支持下得以出版，在此向出版社表达敬意。丛书的问世只是开始，丛书的目标属于未来；丛书将一年一年地往前推进，每一年都推出新的好书。

谨识，2019 年 12 月于北大

序　言

一

在现代,要成为在世界上广受尊重的国家,必须拥有卓越的社会科学研究来处理本国与世界的关系,其中国际贸易学、国际法学、国际政治学固然有用,但是最最基础的还是人类学。中国要完成现代国家建设,当然要解决国内的问题,如教育机会不公平、城乡差别、贫困人口,但是现当代的成功国家不是在国内建设起来的,而是国与国间竞争与合作的产物,一定要在世界之中、在别人的国境之内占据某种或诸种位置。而这需要学术先行,尤其需要人类学的海外社会调查先行。认识这个世界,认识自我;以一种反思的自我去认识世界,并在世界之中认识自我,这些是人类学的真功夫,能够为国家处身世界提供恰到好处的视野、境界、真知。一国之人民想象世界的方式、对于人类前途的憧憬必须有一个不断养成与优化的机制,以保证行人类文明的正道,立时代主流的潮头,这都需要人类学的专业作用。

人类学是现代国家处身世界的一项基础设施,体现着一个国家审视世界的学术眼光、言说世界的叙事水平,最能够代表一国学术整体发展的国际水准。如果人类学不发达,就意味着一国社会科学与世界沟通的基础设施不发达,国人没有便捷的通道直达他国的人心。人类学参与了现代世界的形构,是世界强国走进世界、按照自己的需要塑造世界的模具。这对西方国家来说是一个理所当然的"自然"过程。西方对于非西方世界的认识、介入、支配,是与人类学的调查研究、表述与关怀相伴而行的。但是对于非西方国家来说,认识一国人类学与该国在世界上的处境与机遇,认识人类学对于改善国家与世界的关系的基础作用,都需要一个过程,也需要一个顿悟的契机。对于试图追求强国地位的国家来说,人类学是支撑其地位的基础设施,必然受到重视,获得大力发展的机会。

这些都需要一个最基础的工作,就是支持人类学者到世界各地进行扎实的第一手调查。不了解对象国的真实生活,不能够把个别地区放置在世界之中做整体上的思考,我们就寸步难行。英国成功过,美国也成功了。中国现在决心拥抱世界,走一条积极进取的路,就要在学科建设上走人类学国际先行的路。这是现代国家建设的必经之路。

没有在世界范围内进行实地调查的人类学,就不可能有在国际上拥有话语权和公信力的社会科学,也就没有支持国家在世界谋求发展的思想学术条件。以人类学作为指标观察、评估,中国的社会科学在"世界"意义上还很局促,因为我们长期都只是一个在国内进行实地调查的知识圈。"秀才不出门,能知天下事",这要么是书呆子的自以为是,要么是做实事的人对书呆子的嘲讽。我们要成为一个更好的国家,必须有不断提升自己的社会科学;我们的社会科学要全面提升,必须有真正在国际社会广泛扎根的人类学学科。

基础设施(infrastructure)在近二十年越来越多地用作社会科学的概念,而不再只是工程学的概念。"基础设施"是社会与技术的集合体(socio-technical constellation)，包括技术和物质的构成，也包括制度的、文化的构成，是使一种现代体系能够运行的各种基础条件的总和。

对于世界体系的运转来说，道路、电力、网络是传统意义的基础设施，银行、法律与执法机构、对话与谈判机制等也是基础设施，而促进不同民族、不同语言、不同宗教的人群能够互相了解、包容、合作的人类学也是世界体系良性运转的基础设施。中国政府基于国家的发展战略，更加积极主动地谋求在世界的位置，先后设立亚投行、提出"一带一路"的合作发展计划，实际上是在打造基础设施。其中人类学是不可缺失的先行条件。

中国要深度介入国际社会，一定要有人类学提供知识生成的基础条件。人类学以扎根社区的理念投入实地调查，能够娴熟使用当地人的语言，能够理解他们的宗教，能够在日常生活中和他们同吃同住、同理共情，也就最有机会把真切的理解用民族志文本、民族志电影传回国内，使本国人能细致入微地认识异族他乡。人类学又有人类一家的情怀，擅长在不同文化之间架设沟通的桥梁，消除不同人群之间的成见、偏见，培养人民之间"美人之美"的能力，最大可能地让强国成为对世界可持续发展贡献最大的国家。如果我们有了这样一种功能的人类学，"一带一路"的国际合作发展计划就可能拥有足够优秀的知识基础。

中国对于世界体系的参与要以建设者的身份发挥积极的作用，并在过程中提升自己的国际地位，所以中国的国际项目应该被看作一个整体的事业，没有什么项目是单纯、简单的。例如，在主权国家建设一条道路，绝对不仅是一个工程项目，实际上是楔入了整个的社会与体制，全面地与当地人打交道。没有对于该地区的实地调查研究，不了解当地人，就极大地增加了项目顺利完工和后续运营的风险。

面对世界，中国要走出去，必须优先建设人类学。显然，我们的这个基础设施建设还太滞后。人类学的同仁有奋起直追的志气，还需要国家教育与科研体制给予相应的制度空间。

不仅是国家，人民之间的交流也同样需要人类学。全球化的成就是惊人的，现在，世界上大多数人可以借助网络进行对话（可能需要翻译），可以相约在 24 小时内跨越千山万水在一个城市见面。仅中国公民的出境旅行，一年已经突破一亿人次。中国人的国际旅行给世界带来了收益，也引起了各种批评。其中有偏见，也部分地反映了实情。国民确实有一个在异地与异族如何沟通的素养问题。此类问题还是与人类学的不发达相关。

人类学是联接世界的知识工程，在整个世界的互联互通中发挥着一种基础设施的独特作用。这是人类学的学科史所彰显的启示，也正成为我们今天的学术事业的指引。

二

本书是北京大学区域与国别研究院院长钱乘旦先生委托我组织的两次工作坊的论文合集。钱先生作为善治英国史的世界历史学家出掌区域与国别研究院，具有包容多学科共同发展的情怀，看重人类学的社区蹲点调查，提供了一个促使民族志研究者从小地方的观察对象转向国家乃至区域的思考对象的整合框架。不仅如此，钱先生亲自参与了两个工作坊的议题设置和现场交流，对我们强调人类学的"人类"情怀和"世界"视野是完全理解的。

"人类"情怀和"世界"视野本来是人类学的内在禀赋，但是在中国的学术环境里，却是我们需要付出巨大努力去追求的目标。

人类学兴起于西方地理大发现之后，是西方知识界走出西方、认识非西方社会的一门专业。人类学在非西方做现场调查，发现的是与西方不一样的各种社会与文化。人类学在相当大的意义上既是一个发现人类文化多样性的专业，也是一个追求建立世界一体性意识的专业。人类文化的多样性与世界社会的一体性是国际主流知识界在整个"现代"逐步建立的共识，它既是各种具体的经验研究的案例汇总，也是各种行动主体思考、想象自己身处其中的人类状态的基本框架。西方知识界在全球具有独特而巨大的影响力，但是世界上不同国家、不同宗教、不同文化传统所主导或参与打造的知识共同体与西方知识界保持着若即若离的关系。不同的知识共同体或许都会在某种意义上接受"人类文化的多样性和世界社会的一体性"这个现代定见、定律，但对于多样性的具体内容的认知和自己在一体性中的位置的宣示却是各各不同的。西方人类学有欧洲中心主义的局限，其他共同体也有形形色色的民族主义、宗教原教旨主义的对抗以及在对抗中表现出的局限性。

综合而论，对于中国学术共同体来说，合理而务实的选择是认可并不断丰富"人类文化的多样性和世界社会的一体性"，不仅如此，还要在特别致力于发现与呈现"人类文化多样性"的前提下对中国或中华民族在"世界社会一体性"中的位置及其变动予以客观的描述和主观的宣示。这是中国学术的首要使命。可惜的是，长期以来，我们甚至都没有明确意识到这一使命，没有采用类似或相当的使命意识进行学科设置和学科建设。人类学没有一级学科地位，区域与国别研究不能真正扎根到各国的基层社区，这些都是中国学术界没有在知识生产事业中树立首要使命的表现。

在经验研究的意义上，中国社会科学长期都只是限于在中国境内做调查研究，近乎于一种"关于中国的"社会科学，而实际上，人类当下的处境使任何共同体的学术都不可能单纯以自身作为调查研究与言说的对象。中国的"社会"科学只对中国社会做实地调查，这种定向定位在格局上的缺陷是灾难性的，自身的问题和埋藏的问题既败坏了学科的学术性，也阻碍了学术团体发挥全面的公共服务责任。区域与国别研究的倡导提供了解决这个困局的路径选择，可望引导中国知识界的有识之士、有心之人集结在新目标下共同开拓中国学术的新大陆，赢得中国社会科学的新生命，成就一种因为能够深入世界而更好地研究中国进而更好地认识整体世界的新学术。

人类学是通过观察普通人的日常生活来描述"社会"、理解"文化"的，其所着力用心的关键词"普通人"和"日常生活"都是真实、具体的，而非作为集合名词的抽象数字。中国人类学者需要进入异国他乡近距离审视当地人的日常生活之后来描述特定的社会，以理解其文化。

到海外进行社会调查研究，是国际人类学的学科取向。中国人类学顺应新形势的需要，由北京大学社会学系的人类学专业作为先行者，在本世纪之初开始有组织、成规模地走进境外的具体社区，开展规范的人类学田野作业，完成关于海外社会生活的民族志著作，迄今北京大学师生约 35 人完成了海外社会实地调查，引领、推动国内近十个机构共计完成约 70 项海外民族志，分布在五大洲约 50 个国家，大致形成了一种世界性的布局。

中国人类学的海外民族志在兴起之初主要是以亚洲为对象的。从 2002 年北大社会学系人类学专业博士生龚浩群决定去做泰国研究，到博士生康敏、吴晓黎接着选择马来西亚、印度，逐渐从周边扩及西亚、中亚，现在已知的田野点分布到日本、蒙古国、菲律宾、越南、柬埔寨、老挝、缅甸、新加坡、巴基斯坦、尼泊尔、以色列、土耳其、哈萨克斯坦、乌兹别克斯坦等国以及中国台湾地区和香港等地区。

中国人类学对于亚洲社会的具体社区的真实生活的田野作业，带回来我们对于亚洲文化的多样性的见证。亚洲各国既有自己独特的历史，也有共同的在现代遭遇西方的经历。中国的社会科学要通过实地调查研究认识一个真实的世界，对于亚洲的民族志研究应该排在优先的位置，并且最好能够为其他地区的经验研究树立范例。这些研究是中国社会科学在新形势下开拓进取的尝试,也是培养新一代深入理解异国文化、擅长国际比较的人才的过程。北京大学区域与国别研究院提供平台让这些新生力量聚集一起,相互交流,共同提高,无疑将对他们从人类学的社区研究迈向更加广阔的、多学科结合的区域研究发挥提携之功。

中国人类学的海外人类学田野作业并不限于亚洲,实际上已经在世界各地展开,其中相对集中于欧美社会。仅仅北大的人类学团队就已经完成在美国、德国、澳大利亚、法国、俄罗斯、瑞典、日本等发达国家的多项社区蹲点调查研究。这对于中国人类学、中国社会科学的区域国别研究具有特殊的意义。对于真实的人、现实的社会进行调查,是社会科学的首要工作。西方的社会科学能够率先发展起来,是基于他们较早培植了承担第一手调查研究的社会学和人类学。但是长期以来,世界人类学基本上就是欧美人类学,主要是欧美学者对于非西方人群的观察研究。中国有人类学已逾百年,但是一直没有发展起来以欧美社会为对象的调查研究。最近十多年,中国人类学在勠力开创海外民族志的新天地的过程中,积累了二十多项以欧美国家的具体社区为参与观察对象的研究成果,成为复数的世界人类学(world anthropologies)的一支生力军,成为中国社会科学进军世界社会调查的一个先遣队。

当前我们也开始形成深入欧美社会实施参与观察的创新团队。我们从欧美人类学的凝视对象,转而成为凝视对方的知识主体,由此奠定了知识生产的一种新型关系。让这种新型关系发挥社会科学的价值,是一个值得进一步讨论的议题,也是一项值得倍力推动的事业。

每一个民族志的对象都是独特的,是其所在社会的缩影,也是我们自身的可能性的一次见证。人类学研究必须把观察对象作为个人、作为社群、作为一个国家的社区、作为一种文化的创造性实践者,以及作为人类文化多样性的一个代表等诸多方面贯通起来。我们以欧美为对象的研究固然是要认识欧美社会与文化，更是由此认识我们自身的局限性与可能性，反思过去并展望未来。发达国家已经处理过的问题很可能我们也会遭遇，欧美最有可能为我们提供前车之鉴。

人类学研究他者，终究还需要把他者转化为对话的伙伴。中国与欧美的同行在知识领域成为对话的伙伴是两个社会成为伙伴的思想条件。由此可见，我们的欧美社会与文化研究既是学术课题，也是实践问题。

值此编撰序言之际，新冠肺炎在我最多亲朋的湖北肆虐，并殃及全国各地，扩散到世界众多国家。环球同悲！它从负面验证了今日世界的一体性。无论从积极的方面还是消极的方面看，我们所处的已然是一种千丝万缕相互勾连的世界社会。发现它的内在多样性，理解不同主体所认同的文化，并由此认识我们自身的位置，是中国人类学的长期追求。

文集的作者都是年轻一代学人。他们是深入特定国家之社会的学术开拓者，代表着不仅是走向世界而且是走进世界的新学术。他们在提供特定社会的具体观察的同时，也为中国社会科学提供了一种看世界的思想方法。但愿他们前行的身影感召更多的后来人。

高丙中

北京大学世界社会研究中心主任

北京大学社会学系教授

2020 年 2 月 12 日

目　录

一、自我的构成

二、社会的联接

三、公共的文化

四、私人的生活

一、自我的构成

佛、他者与文明化：当代泰国宗教与社会变迁研究

龚浩群

"文明"在泰语里采用了英译词 siwilai，19 世纪中叶被引介到泰国，那个时代的统治者曼谷王朝四世王蒙固（1851—1868 年在位）开始关注文明，他认为自己的国家是半文明半野蛮的，并开启了向西方学习的现代化进程。[①] 文明代表了对由崇奉基督教的西方世界所引领的现代价值的追求。可以说，泰国向现代民族国家转变的过程就是一个以西方国家为参照来不断寻求文明化的过程。

历史学家通猜·威尼差恭（Thongchai Winichakul）曾指出："文明没有确定的本质，这一概念是关系性的。"[②]现代泰国的文明程度通过地理学话语而得以理解，精英们生产出关于文明的空间概念框架，从森林、村落、城市到欧洲，分别代表了文明的不同程

---

① Winichakul，Thongchai，"The Quest for 'Siwilai'：A Geographical Discourse of Civilizational Thinking in the Late Nineteenth and Early Twentieth-Century Siam"，*The Journal of Asian Studies*，Vol. 59，No. 3（Aug. ，2000），p. 530.

② Winichakul，Thongchai，"The Quest for 'Siwilai'：A Geographical Discourse of Civilizational Thinking in the Late Nineteenth and Early Twentieth-Century Siam"，p. 529.

度。泰国被放在与他者的关系中来定位,它的文明气质通过内部的他者——城市之外的山民和乡民——得以建构。①

我们可以认为,在泰国的现代化进程中,文明是在双重关系中确立起来的:一方面是外部关系,在作为整体与欧洲进行对比的时候,泰国是野蛮的;另一方面则是内部关系,泰国内部的蛮荒之地相对于村落,村落相对于城市又是野蛮的。在 19 世纪末和20 世纪初的统治精英看来,欧洲处在文明链的顶端,在由欧洲主导的世界中所处的位置决定了自身的文明程度;与此同时,以欧洲文明为参照,国家内部可以再区分出野蛮与文明。因此,如果说文明是关系性的,那么这一关系性同时具有内外交互的特点:即对泰国与西方文明的关系的理解在泰国内部促成了新的分类和文明化实践。

文明对泰文化的冲击及其激发的回响构成了泰国追求现代性道路上的变奏曲,泰文化的内涵由此发生了改变,泰文化也凭借这些改变维系了自身的存在。如果我们把文明看作是外在的,那么文明对泰文化的冲击必然在泰文化内部催生出异质性,即他者。他者的产生有两种途径:第一种途径是泰国的统治精英主动对泰文化中的关键因素进行再分类,把其中一些部分定义为文明的,把另一部分定义为野蛮的他者,从而构建出文明的阶序,并为精英统治奠定了意识形态基础;第二种途径则激烈得多,文明带来的异质性对泰文化中的保守因素构成了巨大的冲击,甚至对泰国统治精英所定义的文明构成了破坏性力量,在这个时候我们就会看到较为激烈的意识形态冲突、社会阵痛以及由此发生的深刻变革。内部的和外部的他者如何转变为泰文化的有机组成部分,

---

① Winichakul, Thongchai, "The Quest for 'Siwilai': A Geographical Discourse of Civilizational Thinking in the Late Nineteenth and Early Twentieth-Century Siam", pp. 534—537.

是泰国社会不断面临的挑战，同时也构成了泰文化自我更新的推动力和泰国社会的活力之源。当文明带来的异质性被整合为泰文化的有机组成部分时，我称之为文明化，这是永不完结的过程。

本文将聚焦于泰国社会的主导性宗教——南传佛教，试图展示佛教的文明化是如何在国家、社会与个体的层面展开的。南传佛教是古代佛教王国政体的构成要素和泰族民众信仰的核心，在面对西方文明的冲击时，泰国社会一方面要强化南传佛教作为泰文化特性的地位，另一方面又需要确证南传佛教在世界文明体系中的地位，从这两个方面来适应现代性进程。在处理佛教文化与现代文明之间的关系时，在意识形态、政治体制、社会生活乃至个体生命的各个层面将不可避免地产生各种冲突以及随之而来的调适，并带来了一系列的社会变迁。下面将先论及 19 世纪后期以来从王国转变为民族国家的过程——政体的文明化，这是理解佛教文明化的重要起点，然后再从国家、社会与个体层面分别论述佛教文明化的实现路径，我们将看到国家、社会与个体的文明化实践有不同的实践策略和方向，三者之间的互动构成了当代泰国社会变迁的合力。来自泰国的案例也向我们展示了在海外民族志研究中，呈现每个社会内部的他者所具有的方法论意义。

勐与国

16 世纪之后来到东南亚的西方殖民者称呼泰人的国家为"暹"，而泰人称呼自己的国家为"勐泰"，"勐"（meung）指的是"以一座城市为中心建立起来的国家"。直到 1826 年签订《布尔尼条约》和 1855 年签订《泰英友好通商条约》时，泰国政府仍然使用"勐泰"的自称。但是英国殖民者把"暹"这一他称强加给泰国。1856 年在批准《泰英友好通商条约》时，泰国政府第一次用暹国（Siam 或 Sayam）代替"勐泰"来称呼自己的国家。此后，暹国变成了泰国自己使用的国名。[①]

　　19世纪中后期以来,英法两大殖民帝国迫使暹罗王国不断明确国家的边界,从以朝贡关系为特点的"勐"转变为以边界关系为特点的现代意义上的"国"(prathet),或者说民族国家。prathet这个词的原义是指一个地方或者一个区域,或者说没有任何特定范围、人口或者力量的区域。然而,在1900年出版的由西方人撰写的《暹罗地理学》中,prathet被定义为不同民族生活的地球表面的各部分,而泰国人生活的地方被叫作Sayam-prathet(暹国)。[②]

　　1932年,一群留洋归来的军官发动军事政变并迫使曼谷王朝七世王(1925—1935年在位)接受君主立宪制,泰国的王权政体真正开始了现代化转型。1939年6月24日,推行国家主义的銮披汶(Phibun)政府颁布了第一个关于"国民条例"的政府通告,通告称国家的名称应与种族的确切名称和泰族人民的喜好相一致,因此采用"泰"(Thai)作为泰语、民族和国籍的名称,确立国家的泰语名称为泰国(prathed Thai),英语名称为Thailand。这一改名事件背后透露的大泰族主义意识形态也曾引起当时中国学界与政界的高度关注,被认为体现了泰国政府及其支持的日本军国主义觊觎中国境内傣泰民族地区的意图。[③] "二战"后,"泰国"国号作为泛泰主义的产物受到质疑,1945年泰国复名"暹国"。1948年銮披汶再次成为首相,他领导的政府在1949年再度改名为"泰国",沿用至今。

　　从"勐"(meung)向"国"(prathed)的转变是在西方殖民主义

[①]　邹启宇:《古代泰国的国家和国名——兼论我国从前称泰国为暹罗的由来》,《广西民族大学学报》1978年第3期,第81—83页。

[②]　〔美〕通猜·威尼差恭:《图绘暹罗:一部国家地缘机体的历史》,袁剑译,译林出版社,2016年,第61—63页。

[③]　葛兆光:《当"暹罗"改名"泰国"——从一九三九年往事说到历史学与民族主义》,《读书》2018年第11期,第3—10页。

和民族国家模式直接影响下的政体的文明化过程，这也是我们理解当代泰国社会的重要基点。我们先来看看传统王国政体"勐"的特点。勐是一个空间概念，也是一个政体概念。勐在一般意义上指城市以及以城市为中心建立的政治单位，或者说，处在最高统治者保护公正之下的地区。在东南亚研究中，学者们分别用"典范中心观"（doctrine of the exemplary center）和"星系政体"（galactic polity）等概念来描述勐或与勐类似的传统政体的特点。

与现代民族国家的权力中心不同的是，勐更多的是"典范中心观"的体现，即王室和首都不过是"超自然秩序的一个微观宇宙和政治秩序的物化载体"，王室的仪式生活成为社会秩序的范例。① 也就是说，勐的生命力不在于明确而固定的疆界，而在于权力中心的道德影响力和感召力。② 因此，作为都城的勐应当是神灵栖居和护佑的福地，是宇宙的中心，并将繁荣和财富传送到周边。③

勐对其附属地区并不构成直接的政治控制，在这种松散的政治结构当中，始终存在典范国家仪式的向心力与国家结构的离心力之间的内在紧张关系："一方面，由这个或那个君主领导的公众庆典的确具有凝聚效果。另一方面，政权又具有内在的分散性和分化性特征，这一政体可看作一种由数十个独立、半独立和准独立的统治者组成的分立性社会制度，或如果你愿意如此称呼的话，权力体系。"④勐体现的是等级化的政治权威，并与周边的其他政权构成朝贡关系。"在这种前现代政体中，一个国家的主权既

---

① 〔美〕克利福德·吉尔兹：《尼加拉：十九世纪的巴厘剧场国家》，赵丙祥译，上海人民出版社，1999 年，第 13 页。

② Tambiah, S. J. , *World Conqueror and World Renouncer: A Study of Buddhism and Polity in Thailand against a Historical Background* , Cambridge University Press, 1976, p. 125.

③ Johnson, Andrew Alan, *Ghosts of the New City: Spirits, Urbanity, and the Ruins of Progress in Chiang Mai* , Honolulu: University of Hawai'i Press, 2014, pp. 40—41.

④ 〔美〕克利福德·吉尔兹：《尼加拉：十九世纪的巴厘剧场国家》，第 19—20 页。

不是单一的,也不是排他性的。它是多重的和共享的——既属于它自己的统治者,又属于其最高领土——这并不是分割性的主权,而是一种等级式的主权。"①

坦拜尔则用"星系政体"来概括泰国传统社会的政治结构,即政治的中心是国王的首都及其直接控制的地区,周围省份由国王指派王子或官吏掌管,这些省份又被相对独立的朝贡团体包围;分散的星座单位不断复制,直到构成村父-村民之间的庇护关系。星系政体在常态下是虚弱的,而在特殊时期如战争时期是强大的;王国的向心力不是通过权力和控制达成,而是通过具有表演效应的仪式性制度实现。②

19 世纪以来,泰国从勐向国的政体转变过程体现出以下方面的特点:一是王国内部确立起中央对地方的权力控制;二是王国从无确定边界的等级式主权转变为有确定边界的分割性主权;三是王权的神圣性得以延续和转化;四是勐的多元化存在与国的一体化要求之间形成了内在矛盾。

西方殖民主义的到来,尤其是 1855 年泰国与英国签订的《鲍林条约》成为了泰国历史上的重要转折点。一方面,英国强加的自由贸易条款直接导致了泰国王室在关税方面的损失,但是另一方面,这也带来了大米出口贸易激增,泰国王室通过新的税收手段掌握了经济资源,并为 19 世纪 90 年代开始的行政改革或国家机器的现代化提供了财政基础。1893—1915 年开展的地方行政改革并没有将传统的星系政体转变为完全集中的官僚政体,而是产生了以世袭官僚为特征的辐射政体(radial polity),亦即中央通过代理——贵族家庭的世袭统治来控制地方,但是司法、税收和

---

① 〔美〕通猜·威尼差恭:《图绘暹罗:一部国家地缘机体的历史》,第 110 页。

② Tambiah, S. J. , *World Conqueror and World Renouncer : A Study of Buddhism and Polity in Thailand against a Historical Background* , pp. 111—113, 125.

警察部门的人员由中央政府委派。在辐射政体中，权力中心对周边有更强大的控制功能，不容忍其他中心的存在，但也没有给予周边有效的权力或者把他们充分整合到参与性的政治过程中来。在殖民主义的冲击下，从星系政体向辐射政体的转变促成了王权的强化和有限的现代化，这体现为与王权相关的仪式的精致化以及中央权力在地方有效展开。[①]

王权在从勐向国的转变中发挥了重要作用，并且积极维系了自身的存在，这是泰国的政体文明化过程中的重要特点。[②] 神圣王权的持续存在使得勐与国之间的界限有些模糊不清，与传统政体相关的典范中心观和庇护关系在新的语境中被不断再造，国王被认为是民族国家的首脑、护卫者和道德典范，忠于国王成为了忠于国家的同义词，是泰性（Thainess）的构成要素。

最后，需要强调的是，现代民族国家的确立并没有完全将"勐"从人们的观念和社会现实中抹去。即使在今天，人们仍同时使用"勐泰"和"泰国"来指称自己的国家[③]。勐与国这两种不同政体在历史与现实中的相互纠缠被认为是理解当代泰国政治动力的重要方面。一方面，在现实生活中，勐仍然是重要的空间观念。赫兹菲尔德（Herzfeld）通过民族志研究展示了曼谷老城中心的市民在抗拆迁的过程中，如何通过强调社区是勐的一部分来证明自身的合法性，抵抗政府强权。[④] 另一方面，历史上勐的多中心格局与民族国家的一体化要求之间构成了内在矛盾。例如泰北历史上以清迈城为中心形成的兰纳（Lanna）王国直到 19 世纪末期之

---

①　Tambiah, S. J. , *World Conqueror and World Renouncer : A Study of Buddhism and Polity in Thailand against a Historical Background* , pp. 190—199.

②　〔美〕通猜・威尼差恭：《图绘暹罗：一部国家地缘机体的历史》，第 166—167 页。

③　泰语中"政治"（kan-meung）的原义指"与勐相关的事务"，"公民"（phola-meung）的原义为"勐的劳力"，"公务员"（kharachakan）的原义为"国王的仆从"。

④　Herzfeld, Michael, *Siege of the Spirits : Community and Polity in Bangkok* , Chicago and London : The University of Chicago Press, 2016.

后才被并入暹罗。直到今天,清迈的城里人仍称自己所说的地方话为勐话(kham-meung),在他们的意识深处,清迈城才是地方社会的中心,而曼谷不过是遥远的外在于勐的存在。20世纪以来在泰北兴起的宗教运动、政治运动和近年来的地方文化复兴[①]都需要在勐与国的紧张关系中来理解。

泰国佛教的文明化

在泰国,佛教和王权的稳固地位维系了勐与国之间的某种连续性,也就是说,佛教和王权作为勐的构成要素在民族国家时代实现了创造性的转化。19世纪晚期以来,佛教作为传统政体的核心要素开始了文明化进程,经历了新的制度化和意识形态化。

首先,泰国的僧伽体制发生了根本性的转变。在南传佛教政体当中,佛教社会的至高点是王权之下道德与权力的融合,宗教与政治形成的有机整体是其最重要的组织原则,因此,国王经常采取直接行动来净化宗教。王权的强大和王国势力的扩张会带来行政机器的强化和对僧伽制度的规训。坦拜尔借鉴人类学家利奇的"钟摆模式"来说明在泰国和其他南传佛教国家,宗教与国家权力之间连续性的深层的辩证紧张的特点。[②]

随着民族国家的建立,现代国家权力的集中和对地方控制的加强也伴随着国家对僧伽的整肃和直接的行政控制。在泰国,1902年《僧伽法令》的实施建立起以曼谷为中心、与地方行政体系相配套的全国性僧伽行政组织,确立了从寺庙住持、区僧长、县僧

---

① 参见 Johnson, Andrew Alan, *Ghosts of the New City: Spirits, Urbanity, and the Ruins of Progress in Chiang Mai*。该书展示了当代清迈的仪式专家和城市规划师如何通过对兰纳文化的运用重新激发勐的生命力。

② Tambiah, S. J., *World Conqueror and World Renouncer: A study of Buddhism and Polity in Thailand against a Historical Background*, pp.162,189,517.

长、府僧长、四大地区僧长到僧王的等级秩序，其中上级对下级拥有控制权力，每一级的僧长都配有助理，从而为僧人的晋升提供了渠道。这一法令将国家的最高统治者、地方代理人和基层社会的僧人通过等级制度连接起来，奠定了僧伽组织与政治权威的关系的基本特点，即僧伽通过世俗政治权力的承认获得合法性；该法令的另一目的则是削弱对于中央政治权威产生威胁的地方宗教势力。

1932 年泰国从绝对君主制转变为君主立宪制，这直接导致了1941 年的《僧伽法令》的出台。这一法令试图建立僧伽组织的民主化形式：僧王仍由国王任命，成立僧伽议会、内阁和法庭；由僧王任命 45 名议员，内阁首领及成员由僧王从议员中任命。需要注意的是，虽然僧伽组织在形式上类似于政治机构，但是两者之间并不对称：僧伽组织不再拥有独立的行政部门，教育部代替了宗教部来负责监督和实施僧伽事务。这一宗教管理的世俗化转向影响至今。到 1963 年，当时的军人独裁政权沙立（Sarit）政府否定了僧伽组织的民主形式，再次出台新的《僧伽法令》，加强对僧伽组织的控制，用长老会取代行政、司法和立法机构，并把国家发展与团结和对国王、佛教的传统象征的利用结合起来，佛教被进一步整合到国家主义的意识形态当中。①

从统治精英的角度来看，佛教的文明化还体现为确立佛教价值的现代性话语，佛教被定义为"科学的、理性的、爱国的"宗教②，与蒙昧的迷信（saisat）或着眼于现世而非来世的神灵信仰（khwam-chua）区分开来。事实上，泰人宗教中本土与外来因素的并存贯穿了整个泰国历史，大致可以分为三个组成部分：佛教、

---

① Tambiah，S. J.，*World Conqueror and World Renouncer：A study of Buddhism and Polity in Thailand against a Historical Background*，pp. 235—253.

② 参见龚浩群：《信徒与公民：泰国曲乡的政治民族志》，北京大学出版社，2009 年。

婆罗门信仰和万物有灵信仰。从曼谷王朝四世王以来，伴随着国家权力的集中化，统治精英不断强化佛教在宗教领域的引领性地位。佛教——泰人社会中的外来宗教——虽然不是泰人信仰的全部，但却被确立为泰人信仰的总体性结构，婆罗门信仰与万物有灵信仰都被包容在佛教世界观当中。[①] 民间婆罗门信仰和万物有灵信仰被认为只能满足人们的现实需求，却无法增进信仰者的功德，而佛教作为面向来世的宗教被赋予了更高的道德价值，占据了信仰领域的最高地位。在曼谷王朝四世王发起的佛教改革中，婆罗门信仰和万物有灵信仰被看作是非理性的迷信，佛教则被认为是科学的、理性的宗教。到曼谷王朝六世王（1910—1925年在位）时期，佛教与爱国主义结合起来，好的佛教徒同时也是爱国者，"国家、宗教与国王"三位一体的意识形态确立起来。此外，确立佛教相对于异教的价值优势也是佛教文明化的国家策略，例如泰国南部的马来穆斯林社会因其在族群、语言和宗教上的特异性而成为国家整合的目标[②]。简而言之，佛教文明化的结果之一在于确立起泰人社会的自我形象：泰人社会从总体上来说是一个佛教社会，且佛教是具备现代文明气质的宗教。[③]

　　与泰国佛教文明化历程相称的是，"泰人社会是佛教社会"的论断长期主导了关于泰国宗教的研究，它强调整体主义，却忽视了泰国社会内在的异质性与变迁动力。近年来，不少研究者开始关注丛林僧人、民间信仰以及佛教改革派在泰国的现代社会转型

---

　　① Kirsch, Thomas A., "Complexity in the Thai Religious System: An Interpretation", *The Journal of Asian Studies*, Vol. 36, No. 2(Feb., 1977), pp. 241—266.

　　② 参见龚浩群：《国家与民族整合的困境：20世纪以来泰国南部马来穆斯林社会的裂变》，《东南亚研究》，2011年第3期。

　　③ 参见 Tambiah, S. J., *Buddhism and the Spirit Cultsin North-East Thailand* (Cambridge: Cambridge University Press, 1970), p. 366; Keyes, Charles F., *Thailand: Buddhist Kingdom as Modern Nation-State* (Boulder: Westview Press, 1987), pp. 32—39.

中所扮演的角色，通过他者来反思将佛教当作信仰领域总体性结构的局限性，也同时获得了对于泰国社会的更深刻的理解。例如有学者考察了泰国南部的民间婆罗门信仰，认为与以功德为阶梯的佛教不同，民间婆罗门信仰向人们平等开放，对于佛教具有颠覆性的力量；而过去的研究虽然注意到泰人宗教实践的多样性，但是都将佛教作为主要的解释框架，这种理解忽视了信仰者的能动性和创造性。①

　　20 世纪 70 年代以后，泰国社会以及关于泰国社会的研究都发生了重要的转向：1973 年 10 月爆发的学生民主运动改变了过去将泰国视作稳定和保守的佛教王国的观点，研究者开始关注泰国社会内部的冲突。与此相应，关于泰人佛教的研究也从对体制内的僧伽组织的研究转向了对体制外的丛林佛教的研究。研究者发现，泰人社会里的佛教充满了异质性和争议，佛教不再被简单地看作国家意识形态的宗教基础，而是一个不同思想和意识形态交锋的领域。

丛林佛教：文明中的他者

　　记得当年在泰国中部乡村做田野调查时，房东家的 5 岁男孩皮卡遭到大人的训斥，他说"真想逃到丛林里去"，这让我第一次意识到在泰国社会，丛林是一个深入人心的意象，它意味着支配性权力无法到达的边缘区域。

　　当泰国的统治精英确立起文明阶序的时候，丛林被认为是与城市和文明相对立的他者。在佛教方面，泰国的僧伽分为丛林僧人和村镇僧人，然而正统的佛教历史大多来自对村镇僧人的研

---

　　① Vandergeest，Peter，"Hierarchy and Power in Pre-National Buddhist States"，*Modern Asian Studies*，Vol. 27，No. 4，1993，pp. 862—864.

究,较少涉及丛林僧人;村镇僧人留下了文字经典和纪念碑,而丛林僧人只留下传说。有学者通过研究近代进入曼谷地区的丛林僧人的历史,来说明尽管国家通过推行巴利文教育、经典研习和设立僧伽管理体系进行佛教整合,但是游离在制度外的丛林僧人凭借苦行实践而获得神圣性。[1]

在泰国的佛教文明化历程中,丛林佛教与文明之间构成了紧张关系。这种紧张关系产生了两个方面的冲突:一是以曼谷的政治权力为中心的僧伽科层体系与边缘地区以地方性和圣僧崇拜为中心的僧伽体系之间的冲突,简单地说也就是中央与地方之间的冲突;二是在宗教与政治的关联性方面,丛林佛教以及后来的佛教改革派对等级化的正统意识形态构成了挑战,并为后来的社会改革和替代性意识形态的出现奠定了思想基础。

关于丛林佛教的研究首先让我们认识到泰国佛教的多元化特点。提亚瓦尼琦(Tiyavanich)就近代泰人社会里的云游僧人做了非常出色的研究,认为:“对于今天见到的泰国佛教的单一模式的遵从既非传统的也非自然的,它是历史的产物。今天的等级制的和官僚化的国家僧伽体系,从暹罗各族群的文化历史来说,是异常的情况(aberration)。1902 年的僧伽法令试图形塑各种文化和宗教传统,使之成为一个单一的、集权化的和一致的类型。这种标准化的佛教破坏了原有的传统,却常常被错误地认为是‘传统的’泰国佛教。”[2]提亚瓦尼琦对于泰国云游冥想僧人的考察表明,泰国的佛教从一开始就是多元化的,僧人们在特殊情境下对于佛教的个性化理解是佛教得以传承的真正原因。

---

[1] O'connor, Richard A., "Forest Monks and the History of Bangkok", *Visakha Puja*, Bangkok: The Buddhist Association of Thailand under Royal Patronage, 1980, pp. 32—37.

[2] Tiyavanich, Kamala, *Forest Recollections: Wandering Monks in Twentieth-Century Thailand* (Honolulu: University of Hawaii Press, 1997), p. 293.

　　丛林僧人与国家权力的关系及其转变提醒我们，不要简单地将泰国佛教理解为具有历史连续性的单一体系，而忽略了其中的多元、矛盾和断裂。丛林僧人与 20 世纪初以来建立的中央集权之间的冲突，将有助于从边缘的角度审视近代以来泰国社会的变迁。有学者着重分析了泰国东北部的丛林僧人在 20 世纪的遭遇，认为丛林僧人最终被国家收编意味着国家权力开始控制边缘省份，丛林僧人在自身的转变中也成为国家权力扩展的地方性基础。① 鲍伊（Bowie）则另辟蹊径，将泰北圣僧祜巴西唯差（Khruubaa Srivichai）与曼谷中央王朝的冲突放在具体的历史语境中进行考察，指出拉玛六世推崇的军国主义和严苛的服兵役条例限制了北部民众剃度出家的传统权利，并将国家权力扩展到对人力的控制方面，由此导致服兵役与剃度出家之间的矛盾。因为"非法剃度"而遭到起诉的祜巴西唯差与中央政府之间的冲突并不是由 1902 年僧伽法令导致的僧伽内部的冲突，而是国家、僧伽与民众之间在服兵役这一国家安全问题上的冲突。②

　　如果说现代泰国佛教的文明化意味着建立起以曼谷中央集权为中心的僧伽体制，那么，丛林佛教的存在不仅对正统僧伽体制构成了挑战，也为酝酿现代佛教改革思想提供了土壤，或者说为现代泰国的意识形态更新提供了机会。从信众的角度来看，20 世纪 70 年代以来泰国社会出现了新现象——曼谷人对丛林僧人的敬仰，这表现为许多城市精英到遥远的丛林寺庙朝圣，参与冥想实践，以及对丛林僧人赐予的护身符表现出拜物教式的崇拜。

　　① Taylor, J. L. , *Forest Monks and the Nation-State: An Anthropological and Historical Study in Northeastern Thailand* (Singapore: Institute of Southeast Asian Studies, 1993), p. 313.

　　② Bowie, Katherne A. "Of Buddhism and Militarism in Northern Thailand: Solving the Puzzle of the Saint Khruubaa Srivichai", *The Journal of Asian Studies*, Vol. 73, No. 3(Aug. 2014), pp. 711—732.

坦拜尔认为，丛林僧人建构的社会生活领域与官方的僧伽制度及政治制度相对立，构成了边缘与中心的关系。他进而分析了丛林僧人热出现的原因，认为政治统治权力和保守宗教势力面临的合法性危机是上述现象出现的根本原因。①

此外，从佛教界精英的状况来看，倡导平等、民主和理性主义的现代佛教改革派吸收了丛林佛教中的思想元素，为泰国佛教在现代世界中重新定义自身的文明性创造了可能性。20 世纪早期，泰国佛教改革派的领袖佛使比丘曾两次到曼谷的寺庙深造，认识到正统僧伽体制中的权力控制与腐败之后，他毅然决然地回到丛林修行，并提出来一系列振聋发聩的新主张。他领导的佛教改革运动通过重新诠释佛教教义来表达对于国家和社会的异议，为 20 世纪 70 年代以后的社会改革运动提供了思想资源，并逐步被主流社会接受。②③ 以业为中心的佛教和婆罗门教为政治权力提供了合法性，相反，佛教改革派构成了反驳性力量，为寻求社会生活理性化的群体提供了意识形态的支持。④ 可以说，作为泰国佛教文明化中的他者，丛林佛教在 20 世纪后期以来的复兴以及现代佛教改革派的出现，成为维系佛教在泰国社会生活领域的有效性的重要因素。昔日的他者是文明转型的推动力。

作为远离国家权力中心的空间，丛林自 20 世纪后半期以来成为泰国重要的社会运动场域，我称之为丛林社会。⑤ 丛林社会

---

① Tambiah, S. J., *Buddhist Saints of the Forest and the Cult of the Amulets* (Cambridge: Cambridge University Press, 1984), pp. 345—346.

② Phongpaichit, Pasuk and Baker, Chris, *Thailand: Economy and Politics* (Kuala Lumpur: Oxford University Press, 1995), pp. 376—380.

③ 龚浩群:《佛教与社会:佛使比丘与当代泰国公民—文化身份的重构》,《世界宗教文化》,2011 年第 1 期。

④ Jackson, Peter A., " Withering Centre, Flourishing Margins: Buddhism's Changing Political Roles", in Hewison, Kevin(ed.), *Political Change in Thailand: Democracy and Participation* (London and New York: Routledge, 1997), p. 76.

⑤ 参见龚浩群:《社会变动之林:当代泰国公民身份的重构》,《开放时代》,2014 年第 3 期。

先后受到共产主义、民主化思潮和公民政治运动的影响，并对国家意识形态、主流政治力量和经济发展模式发起了批判与挑战，推动了国家、社会与个人关系的转型。从这个意义上来说，包括丛林佛教在内的丛林社会为当代泰国的文明化提供了新的方向。

修行：个体的文明化实践

与泰国丛林佛教复兴相伴随的，是 20 世纪 90 年代以来以个体为中心的修行运动的兴起。有学者认为，佛教从本质上来说是一种"宗教个体主义"。所谓"宗教个体主义"是指，个体信仰者无需中介，能够自我承担对于命运的首要责任，拥有通过自己的努力、以自己的方式进行自我救赎的权利和义务；宗教个体主义包含了两个进一步的重要观念：灵魂平等和宗教自我审查。[①] 关于宗教个体主义的观点存在一个重要问题，即对佛教采取了一种本质主义的理解，忽视了佛教在历史语境中的生成性。

从柬埔寨、缅甸和泰国等南传佛教国家的情况来看，以个体为中心的修行运动都与传统政体"勐"的转变相关，在柬埔寨和缅甸体现为在殖民主义的冲击下王权的式微，在泰国则体现为民主政治对于社会等级观念的挑战。在传统政体勐当中，王城是宇宙的中心，国王作为道德典范既是佛法的护卫者，也是世俗世界的最高统治者：

> 所有的城市都是机体
> 国王就是头脑
> 是机体的头领[②]

---

① 　Gombrich, Richard F. , *Theravāda Buddhism: A Social History from Ancient Benares to Modern Colombo*(London and New York: Routledge, 2006), pp. 73—74.

② 　出自根据印度史诗《罗摩衍那》改编的泰国史诗《拉玛坚》。转引自〔美〕通猜·威尼差恭《图绘暹罗：一部国家地缘机体的历史》，袁剑译，译林出版社，2016 年，第 166 页。

如果说国王是机体的头脑,那么臣民则相当于机体的其他部分,这与泰国文化中的身体隐喻是一致的——头最高贵,而脚最低贱。有学者提出用"社会机体"(social body)的概念来分析泰国佛教社会的伦理实践,提出社会机体就是由个体组成的有机体,各个组成部分在其中的地位由社会等级制的规则决定,不同社会群体所承担的社会角色都应服从于社会机体的功能需要,只有某些个人能够扮演社会机体的"脸面",并领导它的方向。① 社会机体的概念对于其他南传佛教社会也是适用的,不过需要强调的是,社会机体观当中所体现的政治权威意识和社会等级规则都是与勐这一传统佛教政体直接相关的。那么,19 世纪以来,随着殖民主义的入侵和传统政体的转变,社会机体观将发生怎样的变化?

当殖民主义进入南传佛教国家,以王权为中心的佛教政体衰落,以国王为头领的社会机体观不得不发生转变,这表现为两种方式:一是为了对抗殖民主义而兴起了激进的、倡导平等主义的大众修行运动,二是殖民者与佛教改革派合谋,使得提升个体道德成为佛教现代化的着力点。在缅甸,英国殖民者在 1885 年废除了王权,试图将之建构为理性化的官僚制国家。由于作为佛教护卫者的王权不复存在,缅甸的佛教领袖试图通过净化信众来挽救佛教衰落的趋势,以内观禅法为核心、带有平等主义和激进主义色彩的大众内观修行运动得以蓬勃发展,其中以马哈希尊者(MahasiSayadaw,1904—1982 年)和禅修导师葛印卡(SatyaNarayanGoenka,1924—2013 年)的影响最大,都市里的内观修行中心史无前例地成为非常重要的宗教机构。② 在 20 世纪初的

---

① Aulino,Felicity,"Perceiving the Social Body:A Phenomenological Perspective on Ethical Practice in Buddhist Thailand",*Journal of Religious Ethics*,Vol. 42(3),2014,p. 417.

② Jordt,Ingrid,*Burma's Mass Lay Meditation Movement:Buddhism and the Cultural Construction of Power*,Athens:Ohio University Press,2007.

柬埔寨,法国殖民者为了减少越南千禧年运动对柬埔寨的影响,与柬埔寨的知识群体一起大力推动佛教理性化,佛教关注的中心不再是以国王和僧伽为中心的政体的道德性,而转变为个体自我的道德发展。[①]

泰国的情形有所不同。泰国没有直接遭受殖民统治,王权得以延续并在现代化进程中扮演了积极角色,传统政体体现出较强的延续性。到了 20 世纪后期,随着民主理念的传播和深入人心,对于社会等级制的反思和批判在不同领域表现出来,而强调个体自主性和平等观念的修行运动逐步发展。在泰国,大众派最高寺院玛哈泰寺的住持披摩纳塔木法师(PhraPhimolatham,1903—1989 年)积极借鉴了缅甸马哈希尊者的内观方法,创立了多个内观修行中心。由于当时的沙立政府担心内观修行中心产生的政治影响,披摩纳塔木在 1963 年被捕并被剥夺僧籍,但是大众派的内观修行中心仍然流行开来。[②] 事实上,泰国的内观修行运动受到多方面的影响,流派众多,其中既包括来自缅甸的内观流派,也包括以泰国丛林僧人为代表的内观流派,以及新佛教改革运动中涌现的内观流派。这些不同流派所具有的共同特点在于,强调个体能够在导师的指导下通过自身的努力循序渐进,破除我执,在当下获得涅槃。

在等级化的社会机体观当中,特权和权威的有限分配逻辑与功德观念结合在一起:人们在社会机体当中所处的尊卑地位取决于他们前世的功德,这一价值观将不平等的权力和资源分配合理化。[③]

①　Hansen,Anne Ruth, *How to Behave：Buddhism and Modernity in Colonial Cambodia*, *1860—1930*,Honolulu：University of Hawaii Press,2007.

②　Schedneck,Brooke, *Thailand's International Meditation Centers：Tourism and the Global Commodification of Religious Practices*,London and New York：Routledge,2015,pp. 37—38.

③　Aulino,Felicity,"Perceiving the Social Body：A Phenomenological Perspective on Ethical Practice in Buddhist Thailand", *Journal of Religious Ethics*,Vol. 42(3),2014,pp. 433—434.

与超越功德观念、赋予个体在当下解脱以价值优先性相对应的，是对于个体化的社会机体的想象。以个体为中心的修行实践与民主、平等和理性等现代价值观念结合起来，因此可以被称为个体的文明化。

在泰国，受到良好现代教育的中产阶层总是处于本土文化与外来文明交锋的前沿，他们深刻地感受到维系自我认同与接纳现代文明之间的张力，而修行为他们提供了融合二者的新路径。当代泰国城市中产阶层通过对个体理性的强调彰显了社会行动者的主体性，用人人都可在当下涅槃的观念来反对基于三世两重轮回说的宿命论，体现了众生平等的宗教和政治意识。在日常实践层面，他们通过一系列的身体技术和对身心状态的控制来造就自我认同的时空维度。① 与此同时，值得注意的是，在当下泰国社会所面临的经济与政治危机中，个体化的社会机体的观念否定了个体之间的社会关系和社会制度体系的实质意义，对分配正义等现实问题采取回避的态度，其所倡导"人人皆可涅槃"的平等观念并未进一步成为推动社会革新的动力，从而折射出当代泰国城市中产阶层的精神与政治困境。②

综上所述，自 19 世纪中叶以来，泰国从传统的佛教王国向现代民族国家的转变过程就是一个不断寻求文明化的过程。泰国一方面面临西方殖民主义的威胁，不得不向西方学习，另一方面又迫切地需要确立自己的文化优越感。佛教成为了现代泰国创造自身文明性的重要领域，其文明化过程同时在国家、社会与个人三个层面展开。

从宗教与民族国家建构的历史过程来看，暹——以佛教和王

---

① 参见龚浩群：《身心锤炼：关于泰国城市中产阶层佛教修行实践的初步分析》，陈进国主编，《宗教人类学》（第七辑），社会科学文献出版社，2017 年。

② 参见龚浩群：《灵性政治：新自由主义语境下泰国城市中产阶层的修行实践》，《中央民族大学学报》，2018 年第 4 期。

权为价值核心、建立在朝贡关系之上的等级式主权，承认与其构成附属关系的类似政体的政治与宗教自主性。在从勐向国的转变中，随着朝贡关系转变为中央与地方的关系，政治一体化的发展提出了宗教一体化的要求。今天我们所见到的泰国佛教的制度格局是在民族国家建构的历程中形成的，它试图确定佛教内部以及佛教与其他信仰之间的等级关系。我们可以说信仰领域的文明本质是通过关系来建构的，佛教的文明性需要通过树立佛教内外的他者来确证。

当国家机器朝着政治一体化与宗教一体化的方向前行时，泰国社会却发起了对于科层化和国家化的佛教体系的反思和批判，并试图重建超越国家政治权力的神圣性，以及重新激发佛教与社会、佛教与个体生命之间的有机联系。丛林，作为远离民族国家权力中心的社会空间和统治精英视野中的蛮荒之地，成为酝酿新的文明化方向的重要场域。游离在正统僧伽体系之外的佛教改革派和丛林圣僧成为当代泰国社会的精神领袖，他们在倡导用佛教解决现代社会和现代人的现实问题方面发挥了非常重要的作用。与此同时，佛教思想的革新也为 20 世纪 80 年代之后的政治改革和社会改革提供了价值依据。新佛教思想当中对于平等主义的强调，挑战了以功德观为基础的等级主义意识形态，为公民身份的更充分实现奠定了思想基础。丛林社会构成了当代泰国现代社会转型的边缘动力。

最后也最重要的是，信徒作为实践者也在经历文明化的过程，这体现为对于个体生命的现世价值和平等主义理念的承认，其与佛教国家化所确立的等级主义意识形态之间形成了极大的张力。20 世纪 90 年代以后，在泰国都市社会兴起的修行运动中，修行者通过个体化的宗教实践一方面倡导"人人皆可在当下涅槃"，延续了佛教改革派的平等主义思想，另一方面又陷入了新的思想与行动困境：在寻求个体生命价值的同时，如何突破新自由

主义意识形态的局限,在个体生命的完善与社会公平的实现之间
找到契合点。

结　语

当代泰国的宗教与社会变迁向我们展示的是多主体和多向
度的文明化过程,而非单一主体和单向度的文明实体。与许多东
方国家一样,在泰国最早开启现代文明认知的是统治精英。由统
治者定义的早期的文明话语充斥着对于欧洲/泰国、文明/蒙昧、
科学/迷信、城市/丛林等范畴的二元划分,统治者将自身确立为
泰国与欧洲文明之间的联结者和泰国未来文明的顶层设计者,并
以此来巩固其政治合法性。统治精英所定义的文明阶序试图维
系等级主义意识形态。然而,随着泰国对世界的开放,越来越多
的泰国社会精英和普通大众也加入到对文明的探索中来,并试图
用民主政治理念来挑战等级主义的意识形态,这就产生了不同阶
层之间阶段性的矛盾与冲突。从佛教的情形来看,佛教既可以成
为统治阶层维护政治权力的工具,也可能成为打破等级主义意识
形态的革新力量,对于佛教的文明内涵的不同阐释体现了话语背
后的权力关系。我们所看到的与其说是东方与西方,或者本土化
与全球化之间的冲突,不如说是对文化所采取的不同文明化方式
之间的冲突。本文试图呈现社会行动者对文明的不同理解和差
异化的实践方式,他们之间的互动体现为中心与边缘、国家与社
会之间的力量转换,并共同造就了社会变迁的方向。

本文的努力方向之一在于通过呈现当代泰国宗教与社会的
内在复杂性,来探讨泰国社会与我们所共同面对的文明化问题。
如何定义他者,如何处理自我与他者、他者与文明之间的关系,是
文明化实践的重要内容。要理解当代语境中的泰国宗教与社会,
需要看到文明与时间上的他者——前现代传统之间,以及文明与

空间上的他者——丛林社会之间的巨大张力。从时间的维度来看，泰国在以西方文明为参照的现代化进程中，国家通过对传统的辨析，亦即通过区分传统中的精华与糟粕来界定他者，展示出文明的阶序性特点，并试图由此来确立泰国在现代世界文明中的位置。可以说，没有他者，就没有文明的显现。从空间维度来看，文明与他者的关系在一定意义上对应着社会空间中的中心与边缘的关系，丛林——边缘化的宗教、政治与社会力量——象征着文明内部的他者。

　　文明与他者的关系有可能在新的现实语境中发生逆转，这体现为当代泰国宗教领域的价值重塑与阶序转换。例如曾经被视作宗教异端的丛林佛教逐步获得了主流社会的认可，成为推动社会进步的力量。他者与文明、边缘与中心之间的空间关系也是可以转换的。从19世纪后半期到20世纪早期，丛林在暹罗知识界被认为是野蛮的、脱离正统秩序的空间，而城市代表文明或进步的方向。但是，自从20世纪后期以来，在文明话语中丛林与城市的关系发生了倒转，城市被看作是现代性的堕落的表现，而丛林被视为生命的源泉和文明的未来。这种文明与他者之间的空间转换为社会的变迁与进步创造了动力。因此，他者与文明之间的张力是多维度的，其中既有冲突，也有包容。包容性为文明价值的转换和重塑提供了空间和机会。他者对于主流社会的挑战并不总是能获得成功，但是，这却为探索社会变迁的方向提供了可能性。因此，他者对于文明是不可或缺的。

　　我们可以看到泰国社会与中国社会经历了相似的历史阶段，包括古代以朝贡体系为特征的政体模式，以及后来相继出现的殖民主义、共产主义和全球化的影响。尽管本文并未就泰国与中国社会的文明化过程进行直接的比较，但是通过融入历史视角和语境分析，我试图建立起基于同时性的理解，即强调研究者与研究对象之间同时代特性的人类学阐释。[①] 中国与包括泰国在内的东南亚存在历史与现实中的诸多联系,尤其在当下,中国与泰国之间广泛的政治、经济、社会与文化交流凸显出"你中有我,我中有你"的格局,这将成为未来我在中泰之间开展进一步研究的重要背景。我确信,基于同时性理解的海外社会文化研究不仅将扩展中国社会科学研究的经验研究基础,还将深化中国与世界之间的彼此认知。[②]

作者简介:龚浩群,中央民族大学世界民族学人类学研究中心教授。

---

① 〔德〕约翰尼斯·费边:《时间与他者:人类学如何制作其对象》,马健雄、林珠云译,北京师范大学出版社,2018 年,第 183 页。
② 高丙中:《海外民族志:发展中国社会科学的一个路途》,《西北民族研究》,2010 年第 1 期。

多样的"魑魅魍魉":菲律宾阿拉安人
精神世界中的恶灵①

史　阳

　　本文是对于东南亚地区原住民族"异文化"的个案研究,所涉及的是菲律宾民都洛岛山区热带雨林中的阿拉安人。阿拉安人(Alangan)是无文字的原住民族②,世代生活在菲律宾民都洛岛最高峰——哈尔空山(Halcon)周围广袤的热带丛林山地上,人口约一万人。民都洛岛的山地原住民族被统称为"芒扬人"(Mangyan),具体分为八个部族,③阿拉安人便是其中之一,所以又可称为"阿拉安芒扬人"(Alangan-Mangyan)。阿拉安人主要从事以刀耕火种、土地轮耕为形式的游耕农业,在山林中烧荒辟地,种植旱稻、玉米、甘薯、薯蓣、芭蕉等,兼有果实采集和狩猎,富有流动性的村社是基本群体生活单位,根据轮耕的需要每隔数年迁移。如今随着

---

　　①　本文为国家社科基金项目"菲律宾马拉瑙族英雄史诗《达冉根》翻译与研究"(2018VJX051)阶段性成果。
　　②　本文中所出现的阿拉安语词汇,系参考在阿拉安人中从事研究的欧美人类学者和当地传教士约定俗成的正字法规则,用拉丁字母转写而成。
　　③　从北到南分别为伊拉亚(Iraya)、阿拉安(Alangan)、塔加万(Tadyawan)、巴达安(Batangan)、布西德(Buhid)、班沃(Bangon)、哈努努沃(Hanunóo)和拉达格农(Ratagnon)。

自身的社会发展和周边平原上生活的平地民族的影响,不少人口已来到山脚定居,逐渐建立起大型的聚居村落,通过为平地民族做雇农、拾稻穗等谋生。阿拉安人的母语阿拉安语在国际标准组织 ISO639-3 标准(ISO2007)中标记为 ALJ,隶属于南岛语系、马来-波利尼西亚语族、菲律宾语支的北部芒扬语组[①]。阿拉安语作为一种南岛语,大量使用词根、词缀来构词和表意,是一种典型的粘着语。阿拉安人的世界观是万物有灵的多神信仰,相信世界由创世神灵创造,世间存在着多种善灵和恶灵,善灵与恶灵二元对立,人们通过巫医呼唤善灵的帮助、被除恶灵的戕害。阿拉安人作为有语言无文字的民族,他们的神灵信仰通过一个个口头叙事呈现出来,就成了一系列的创世神话、洪水神话、始祖传说、史诗吟唱,即阿拉安人丰富的口头传统和民间文学。笔者于 2004、2006、2007、2009、2010、2013 年共六次在该土著民族中从事田野工作,调查当地语言、神话信仰、巫术仪式、占卜神谕等。国际学术界对于阿拉安人的神话、传说等口头传统,尚未有系统搜集和专门研究。

笔者在田野调查中发现,阿拉安人关于神话、传说、史诗的讲述和吟唱详尽地讲述到了世界的创造、神灵的起源以及其中二元对立的善灵和恶灵。从这些口头传统中,可以归纳、整理出阿拉安人的宇宙观和神灵信仰。阿拉安人世界观的核心是一个善灵和恶灵二元对立的体系,其中充满了多种多样、形态丰富、专职危害人类的精灵——恶灵。阿拉安人的精神信仰和口头传统中,恶灵是邪恶力量的代表,阿拉安语统称为"麻冒"(mamao),它是所有一切伤害人类的邪恶精灵的统称,具体可以分为两大类:来自于死者灵魂阿比延的亡灵"卡布拉格"(Kabulag),和其他栖居在

---

① 参见"民族语"网站的分类:http://www.ethnologue.com/show_language.asp? code=alj。

大自然中各个地方的恶灵麻冒。人类生病或者村社遭遇灾祸都是由于恶灵作祟所指，于是巫医就要利用各种巫术占卜和治疗仪式，调集善灵的力量，去对抗恶灵的伤害，从而保护个人的人身安全和村社的福祉。几乎所有的巫术仪式都与反抗、驱逐恶灵有关，它们是阿拉安人依据其世界观而实施的逆向实践行为——通过巫术实践去改变现实生活。关于恶灵的神灵体系是阿拉安人精神世界的重要组成部分，它具体承载于阿拉安人丰富的口头传统和民间文学之中，通过一个又一个口头叙事呈现出来，即一系列的创世神话、洪水神话、始祖传说、史诗吟唱，它们系统讲述了恶灵的起源，恶灵与善灵、恶灵与人类之间的关系。也就是说，阿拉安人把自己心目中关于恶灵的信仰通过口头讲述出来，就成为他们的民间文学的一部分，构成了他们的口头传统。所以，本文通过阿拉安人的口头传统，去认识、理解他们关于各种恶灵的精神信仰，诠释该民族的精神世界。

一、来自死者落难灵魂的亡灵——"卡布拉格"

阿拉安人认为，人是有灵魂的，人的灵魂叫作"阿比延"(abiyan)。人的身体中有两个阿比延，一个在眼睛里，一个在心脏中。人死了以后，眼睛里的那个阿比延会升天，而死者心里面的那个阿比延则会到地下世界杜由安去。阿拉安人把人的肉体称为"卢布言"(lupuyan)，把人的肉身视为只有皮囊而没有内容的东西。报告人索特罗说，人的尸体"只是卢布言而已，里面没有阿比延"；"卢布言会腐烂，但阿比延不会消失"；"离开了阿比延，卢布言是没有实质内容的"。

(一)亡灵卡布拉格的来源和危害

人死后，灵魂阿比延就会飞离人的身体，它们都想飞到天上的巴拉巴干去,去巴拉巴干之前要先穿过大森林,往世界的尽头飞去。飞到世界尽头之后,首先要经过分岔路口布鲁旦。布鲁旦位于世界的尽头,它附近是高山上最僻远的大森林,阿拉安人把那里称为 Tukuan Kubat,意思是"森林尽头"。在布鲁旦那里有一条路,路中间有个洞,路能通到巴拉巴干,洞能通向杜由安,所以布鲁旦也是天上世界巴拉巴干、人类世界与地下世界杜由安的分界之处。布鲁旦的路和洞都只有灵魂阿比延才能通过,于是布鲁旦还是阿比延的分岔路口,有的通过道路往上升到达天际巴拉巴干,有的则落入洞口往下跌入杜由安。人有好有坏,灵魂阿比延也是有好的也有坏的,好的阿比延可以轻松、顺利地通过布鲁旦的道路,抵达天上世界巴拉巴干。阿比延在那里会变成为天上的人,阿拉安语称作 yaweyen,它们过着富足的生活,时不时举行各种庆祝的仪式,有时天上打雷,就是他们举行仪式时发出的声音。然而,有一些阿比延,尤其是那些坏的阿比延,在通过布鲁旦时,会掉落到洞中,"就像人走在路上时一不小心踩空摔到深坑里一样"。这是因为,在布鲁旦洞口里有一个守卫,名叫 Malsanga Dila,直译为"舌头分叉成两个的(东西)",因为它的舌头是分叉的,擅长用舌头裹着吞噬,"就像蛇一样"。这个守卫专门拒绝坏的阿比延通过,坏的阿比延路过洞口时,它会伸出舌头把阿比延卷下去。这样坏的阿比延就落到了洞中,跌入无尽的深渊杜由安。这些落入杜由安的阿比延如果再回到人类世界中,就会成为亡灵卡布拉格。卡布拉格是伤害人的邪恶精灵,阿拉安人把它归为恶灵"麻冒"的一种,而且是恶灵中极其常见的一种。

杜由安在大地之下,是个一片黑暗的地方,"都是水和石头",是世界大地下方的尽头,一些阿比延终日居住、生活在那里。报告人称,杜由安那里有一个和我们这个世界一样的世界,"它们和我们一样也要天天干活",也开垦旱田、种植南瓜等,在那里也有它们的村社,"和我们的世界的生活很接近";但是那里的收成更好，耕作起来更为容易。还有报告人称，大地之下其实是一层又一层，杜由安只是下面最深最大的那一层，土地下较浅的地方还有一个较小的层，这层里也住着一些小矮人之类的其他精灵。这些精灵也会时不时来到我们这个世界：有的精灵会与人类交朋友，但有的精灵会侵害人类、让人们生病——让人身上起肿块、四肢疼痛、手臂骨折等，不过并不会致死。这些精灵相对于善灵卡姆鲁安和恶灵麻冒而言并没有那么重要。在菲律宾其他民族中，常常能见到与此相似的信仰，认为地上世界或地下世界由多层组成、每一层有不同的居住者，比如伊富高神话中天有四层，马拉瑙人的神话中世界共分七层。[①] 在阿拉安人中，大多数报告人仍只将世界区分为三层：天上世界——巴拉巴干、大地和地下世界——杜由安，关于地下世界还有更为细致的分层并不是普遍的说法，只有两位报告人提及。笔者认为，这可能是部分巫医在巫术治疗的过程中，为了解释人为什么会生病，创造出了这一个性化的解释，用以说明致病精灵的来源。

在两种情况下，死者的灵魂阿比延会变成亡灵卡布拉格。其一，一些死者的阿比延在布鲁旦落入了杜由安，但这其中的一些阿比延并非始终在杜由安里生活，它们中有一些会爬出布鲁旦的洞口，返回人类世界，回到死者生前生活的地方游荡，它们就成为了亡灵卡布拉格。其二，并非所有死者的灵魂阿比延都会前往杜由安或升天到巴拉巴干，有一些阿比延在其肉身死后久久不愿意离去，它们会长期逗留在人类世界中，这些阿比延也被认为是变成了亡灵卡布拉格。这些亡灵卡布拉格都可能侵害到人类，所以是恶灵麻冒的一种，会给人带来疾病，甚至致人死亡。这是因为，恶灵麻冒有一个特点，它们会想方设法找到活人的灵魂阿比延，把阿比延劫持走，以便作为同伴陪着它们。阿拉安人把这个

----

① 参见拙作《菲律宾民间文学》，宁夏人民出版社，2011年，第27—29页。

过程通俗地称作人的灵魂"阿比延被（恶灵）麻冒吃掉了"或"阿比延被（恶灵）麻冒拿走了"，阿拉安人觉得恶灵抢夺走人的灵魂阿比延，就像人吃饭一样简单，"阿比延就像是麻冒吃的饭菜"，报告人称之为："kyuman wa mamao in abiyan piyagmaskit"，意即：病人的阿比延被麻冒吃掉了，本文称之为恶灵"摄取"灵魂。尤其是亡灵卡布拉格，它们生前是人类的灵魂阿比延，死后会时不时地穿过布鲁旦的洞口，重新回到人们身边，在人们生活的村社周围、从事生产的旱田和森林等地方四处游逛，伺机摄取活人的灵魂阿比延。如果恶灵把活人的灵魂阿比延给带走了，活人失去了阿比延就会死去；如果活人的阿比延被恶灵骚扰，那么活人就会遇到各种各样的意外和不幸。这就是人为什么会生病、为什么会遭遇不好的事情的原因，村社发生了灾难和事故也是因为邪恶的恶灵作祟，要破坏人们正常的生活，甚至是要抓走人的阿比延，要致人死亡。

卡布拉格会经常回到人们周围，它在寻机摄取人类的阿比延时，主要目标是死者生前熟识的家人和亲属，尤其是年幼的孩子。因为死者的亡灵希望最好能够找到生前熟识的亲朋好友做伴，如果能够摄取到亲朋好友的阿比延，就会把他们的阿比延带离人类世界，一起前往世界尽头巴拉巴干那里，然后从布鲁旦中回到杜由安；于是亲朋好友就会生病，直至死去。如果人因为亡灵卡布拉格而生病，阿拉安人会说"piyagkabulag siyo"，直译为"他被'卡布拉格'了"，这里的"卡布拉格"意为因为卡布拉格恶灵侵扰而生病或不走运，即"他/她得了卡布拉格带来的病"，或者"卡布拉格让他/她倒霉"。有些卡布拉格不是直接害人，而是带来南瓜、大米等好吃的东西送给人们；人若吃了以后会腹痛，然后开始生病，最终死去。德国修女雷卡姆在阿拉安人中长期传教，曾调查过当地的巫术治疗，她的报告中称："如果家里父亲死去了，不久以后他的妻子或者孩子梦见了他，那梦见死者的人就会腹痛、腹泻；此时，（死去的）父亲就成为了卡布拉格，他回来摄取活人的阿比延，并让他人生病。阿拉安人会说：'如果我们被卡布拉格侵害了，会肚子疼的。'"①

　关于亡灵卡布拉格的外形，报告人并没有太多具体的描述，只是认为和其他恶灵麻冒相比并无本质差异，并称即使是巫医也看不见它们。雷卡姆修女曾提到，有阿拉安人称，卡布拉格"长着卷发，皮肤黝黑，长手长脚，有的足有椰子树那么高"，"密林中的亮光就是它们活动的行踪"②。而且卡布拉格也是亡灵这一类恶灵的总称，包括所有源自死者的灵魂阿比延。亡灵也可具体细分为几种，报告人曾提到"Pambatan"和"Tagatinang"等称呼，都是一些具体的亡灵的称呼。无论亡灵卡布拉格还是恶灵麻冒，对它们的形象、名称、行为特征等细节巫医们和其他报告人的描述非常多样，甚至有些内容是一个人一个说法；不过，巫医们关于精灵的基本性质的认识是一致的，但关于它的具体特征通常都是个性化的描述，充满了个性化的想象，彼此间又有不少差异，这实际上表现出了巫医们的想象力和再创造。

（二）驱逐亡灵和巫术治疗

　卡布拉格从杜由安回到人类世界，仍是通过巴拉巴干与杜由安分岔路口——布鲁旦那里的洞口。卡布拉格要回到人类世界，必须从洞里钻出来，然后从世界尽头穿过一片片的大森林，来到人们的村社周围。一旦它遇到人类，就会伺机摄取人的阿比延；当它摄取了人的阿比延之后，人们就会发现受害者生病了。病人生病的同时，卡布拉格会挟持着病人的阿比延，一同返回通往布

---

　① Magdalena Leykamm, *Sickness and Healing among the Alangan Mangyans of Oriental Mindoro*(Thesis Presented to the Faculty of the Graduate School Ateneo de Manila University, 1979), p. 36.

　② 同上。

鲁旦的那个洞口，以便它最终能回杜由安去。如果卡布拉格能够带着病人的阿比延顺利地从洞口进入杜由安，病人就会死去。所以，对于亡灵卡布拉格导致的疾病，必须依靠巫医"巴拉欧南"（balaonan）采取呼唤善灵驱逐恶灵的阿格巴拉欧仪式等巫术方法治疗，因为"人类很弱，打不过卡布拉格等恶灵，只有巴拉欧南召唤来的善灵卡姆鲁安才能对付它们"。治疗时，要求巫医尽快召唤到自己所掌控的善灵卡姆鲁安，赶在病人的灵魂阿比延被卡布拉格挟持到洞口之前截住它们，并逼迫卡布拉格把病人的阿比延交出来，阻止其带走。"如果卡布拉格带着阿比延落入洞里的话，就彻底没救了。"①巫医在阿格巴拉欧等巫术治疗中，都必须反复嘱咐善灵卡姆鲁安去四处搜寻恶灵卡布拉格的行踪，去追踪它所挟持的病人的阿比延。一旦卡姆鲁安把病人的阿比延找回来，病人便会痊愈。

　　巫医达到治疗疾病的目的，是通过善灵与卡布拉格等恶灵的对抗。阿拉安人所说的"善灵与卡布拉格的对抗"并非是善灵与恶灵之间的打斗或战争，而是当善灵追上挟持着病人灵魂的亡灵卡布拉格时，善灵会与卡布拉格谈判、商讨，谈判中谁赢了，病人的阿比延就跟谁走。不仅对亡灵卡布拉格是这样，善灵与其他恶灵之间的对抗也都是这个意思。通常，在病人的灵魂阿比延被卡布拉格等恶灵挟持着一起返回巴拉巴干的过程中，恶灵挟持着病人的灵魂一步步往前走，速度较慢，可能需要几天时间，也就是说病人几天之后才会真的病死。如果巫医的能力足够强大，那么他派出去的善灵卡姆鲁安就能够行动得非常快，直接飞过去，追赶上恶灵。一旦善灵追上了挟持着病人阿比延的恶灵，通常善灵只需开口对恶灵说几句话，就能把病人阿比延抢过来并带回去，恶灵也不会阻拦。巫医德尼休（Deonicio Rambunay）解释说，这是

---

① 　报告人 Deonicio Rambunay。

因为恶灵是偷偷地来摄取人的阿比延，"它是小偷，会害怕，（所作所为）不光彩"，所以正义的卡姆鲁安在谈判中通常能赢；而且善灵的力量一般都比恶灵大，恶灵想阻止也阻止不了。德尼休是一位经验丰富的巫师，他曾仔细地向笔者描述了善灵卡姆鲁安与卡布拉格等恶灵在遭遇之后对话的过程：

善灵说："Kabatang kao atai wa?"（你为什么要到这里来？）
恶灵说："Anda piyakua wa."（我要拿走这个（即病人的阿比延））
善灵说："Yēwēd maal piyanggat."（（他）不能（和你）一起走）
　　　　"Kangay daan piyag-abol."（我也是来（把他）拿走的）
恶灵说："Piyagpaanggat wa daan anda."（那就让给你，他（和你）一起回去）

这种情况下，善灵卡姆鲁安与恶灵麻冒之间也不会发生争吵或战斗，善灵追上恶灵，赢得谈判并带回病人的灵魂不是难事。

德尼休接着解释说，巫术治疗不是总有效的，在有些情况下也会失败。第一种，如果善灵没能够追上，那么恶灵几天之后就把病人灵魂直接带走了，那么几天后病人病死，治疗宣告失败。善灵没能追赶上，通常是因为巫医的能力不够，他派出的善灵就会在途中迷路，到处乱绕分不清方向，最终不能在恶灵抵达巴拉巴干之前找到他们，无法找回病人的灵魂阿比延，所以这样的巫医就治不好病。第二种，善灵虽然追上了恶灵，但是恶灵不愿意直接乖乖顺从于善灵的意志，它会坚持不放所挟持的病人阿比延，它对善灵说道："我就要拿走它，（它）是我的了。"这时候，善灵就要与恶灵激烈争辩，如果善灵争不过恶灵的话，善灵只能是空手而归，回来告诉巫医说自己输掉了，没法把病人的阿比延带回来，于是病人仍会病死。

阿拉安人很害怕死者的灵魂变成亡灵卡布拉格回到人们身

边摄取灵魂，给活人带来灾祸。如果一个人有亲朋好友死了，为了防止死者的亡灵卡布拉格回来找自己，他会采取预防措施。在睡觉之前，他要开口说："×××（死者名）Sirop away manaynēp"，意即：某某，不要在梦中看见（你）。这样死者的卡布拉格就不会来侵扰或摄取这个人的灵魂阿比延了，他在睡觉时也不用再担惊受怕了。如果有人已经做梦梦见了死去的熟人或亲朋好友，就说明这个人的卡布拉格回来了，盯上了这个做梦者，要摄取他的灵魂阿比延，因为他生前与做梦者很熟悉，现在想回来找做梦者的阿比延陪伴自己。此时，做梦者必须及时找巫医治疗，否则过一段时间做梦者会生病，甚至有生命危险。这种巫术治疗阿拉安语称作 suobēn，巫医拿一个由半个椰壳做成的巴奥碗（bao），在碗中放一块燃烧着的炭火，再把名叫 kamengyan、ensenso、kalump-ang、kamuyong、maymali 的几种植物的干叶子——放进去，炭火会把这些干叶子烤着，椰壳碗中冒出浓烈的烟，味道很呛人。巫医把椰壳碗放在做梦者的面前，让他靠上前去，把整个身体浸入烟当中熏上五分钟。巫医一边用烟熏，一边口中反复念道："Suob! Suob!"，意即："赶走！赶走！"，即把亡灵卡布拉格从这个做梦者身边赶走。虽然烟熏火燎，但做梦者一定要坚持住，治疗结束后就可以安心回家了。巫医则把椰壳碗及里面的东西放在一边，到第二天再扔掉。卡布拉格危害的对象不仅是个人，它还可以为整个村社带来灾祸。因为亡灵卡布拉格生前就生活在村社中，所以它非常熟悉村社的情况，知道如何沿着道路走过来，所以当村社里有成年人过世之后，阿拉安人会采取一系列的预防措施，阻止死者的亡灵卡布拉格回来。送葬的路上要趟过溪流，以便掩盖自己的足迹，让卡布拉格回来时找不着路；如果是在长屋中集体生活的村社，人们会将长屋抛弃，在附近重新选址建新的居所。

二、多种多样的恶灵——"麻冒"

阿拉安人相信，自然界中存在着各种各样的邪恶的精灵——即恶灵。恶灵包括很多种类，它们栖身在不同地方，攻击、侵害、残杀人类的方式各有不同，有些还有一些迥异的特质，阿拉安人把所有的恶灵统称为"麻冒"（mamao），本文中用"麻冒""恶灵"或"恶灵麻冒"来称呼。

（一）恶灵麻冒的来源和危害

恶灵麻冒可分为广义和狭义两种，广义的恶灵麻冒包括了前文中的亡灵"卡布拉格"（Kabulag），此时"麻冒"一词只是阿拉安人关于所有恶灵的笼统说法；狭义上的恶灵麻冒专指栖息于自然界各种幽静偏僻之地的害人的精灵，它们是自然界中的各种妖魔鬼怪。所以，狭义的麻冒是多种自然界恶灵的统称，阿拉安人给其中的每个具体种类还会命名，比如 Bandilaos、Libodyukan、Languayēn、Tikbalang、Epēr、Panlibutan、Tagayan、Ulalaba 等。阿拉安人相信，这些恶灵麻冒在侵害人类的方面与亡灵卡布拉格完全一致，只是来源不一样而已。这些恶灵栖身在大自然中各种地方，包括高山顶上、大森林中、洞穴中、高大的石头上、高大的树木上、泉水的源头、溪流中、湖泊中等。平时他们在这些地方守候着，有时候也会来到人类的村社周围游荡，伺机攻击人类，摄取受害人的灵魂阿比延，并把人的阿比延带走。阿拉安人说，恶灵"就像是我们打猎一样伺机猎捕我们芒扬人"①。在阿拉安语中有一个特定的动词"tampalas"，意思是恶灵麻冒四处游走，遇到人类就摄取阿比延、伤害人类。阿拉安人会说："In mamao manangpa-

---

① 报告人 Tino Limpapoy，Rico Kalignayan。

las."意即:恶灵四处伤人。Tampalas 这个动词专门用来表示恶灵对人的伤害,而人受到其他的各种内外伤都不适用。它的过去时形式为 tiyampalasan,现在时为 manangpalas,将来时为 tampalasan。恶灵是一个总称,泛指一切对人类有害的恶灵,它下面还具体分作多个种类的恶灵,阿拉安人都相应地给予每种恶灵以特定的称谓;各种恶灵都具有自己独特的性质,人们需针对其具体特点采取措施与之对抗,对抗的措施主要就是巫术。对此阿拉安人有异常细致的描述,各村社中都流传着不少关于各种恶灵危害人类、人类与之对抗的传说。雷卡姆修女的报告中并未提及"mamao"这个词,而是把"bukaw"一词当作泛指各种恶灵的总称,并多次使用;但笔者在调查中,各村社原住民都一致、明确地用"mamao"这个称谓,而"bukaw"只是其中特定的一种恶灵的名称而已。

不同的恶灵导致疾病的致命程度不一样,有些恶灵必然致人死亡,几乎毫无办法;有些恶灵只是会让人大病一场,人们有多种办法医治病人、对抗这类恶灵。按伤害力排列,恶灵中最致命的类型是"利波究坎"(Libodyukan),然后是"迪克巴朗"(Tikbalang)等,"达加延"(Tagayan)就不太致命。据一些巫医们称,自然界的这些恶灵和人一样,彼此间都是亲戚关系,比如"伊贝尔"(Epēr)、"利波究坎"和"迪克巴朗"是兄弟三人,"朗古阿言"(Languayēn)则是"利波究坎"的妻子。所有的恶灵麻冒有一个共同的祖先名叫布拉安(Pulangan),他是个身材高大的巨人,身高足够房子那么高,他只长了两颗巨大的牙齿,上颌一颗、下颌一颗,所以也被称作 Bugtong Ngipēn,意思是"一对牙齿"。在阿拉安神话中,能找到这个布拉安巨人的由来。洪水后同胞兄妹俩繁衍了好多后代,其中有一个孩子名叫布拉安,后来兄妹俩一怒之下把孩子们赶出家门,布拉安就往森林中不停地跑,一直跑到了大森林中最僻远的地方,那个地方正是"森林尽头"(Tukuan Kubat)。那里是世界的尽头，靠近世界的分岔路口布鲁旦，可以通向巴拉巴干或杜由安。布拉安在"森林尽头"那里变成了邪恶的精灵，从此以后，布拉安会时不时地从那里回到人们身边，一旦遇到人类，就追上来把人吃掉。阿拉安人中流传着一些关于布拉安巨人吃人、人与布拉安巨人智斗的传说。于是布拉安就成为了最早的恶灵，后来它在"森林尽头"那里繁衍出了各种各样的恶灵——具体包括了阿拉安人能叫得上名字的所有的恶灵，并在"森林尽头"出没、栖居。亡灵卡布拉格通过布鲁旦的洞口回到人类的世界时，也是首先就出现在"森林尽头"，所以这些恶灵会与卡布拉格一道，时不时从世界尽头的大森林来到人们身边，侵害人类，伺机摄取人们的灵魂阿比延，于是"森林尽头"也成为了一个让阿拉安人生畏的地方。

　　各种恶灵平日会在人们生产生活的各个地方——包括村社、森林、山峰、巨石、道路、溪流、泉眼等地游荡，时常会与人类相遇，从而危害人类的生命安全。尽管恶灵是危险的，但是如果能有效地躲开而不被它们遇见，人完全可以幸免，所以它们本质上并不可怕。然而，问题在于恶灵总是在暗处、它们的外形又是隐身的，于是几乎所有的恶灵都是人们看不见的，只有巫医能够看见他们。而且巫医并非是直接在生活中用肉眼就可以发现，他必须通过做梦进行梦占，在梦中他呼唤到自己所掌控的善灵卡姆鲁安，只有善灵才能帮助他看见恶灵具体是什么、在哪里、正在做什么。如果巫医无法成功召唤到善灵卡姆鲁安，他也什么都看不见。可见恶灵可怕还是因为人们发现不了，只有巫医借助于他的善灵才可以发现，所以能否发现恶灵对于巫术治疗至关重要。在巫医的巫术治疗中，巫医想方设法召唤来善灵卡姆鲁安，第一步就是让善灵去发现恶灵；在这一步的基础上，才是第二步打败恶灵、抢回病人灵魂。少数时候，人们能够事先发现恶灵，从而大大减小了恶灵的危害。比如，报告人曾提及一种叫"巴门吉安"（Pamēngēan）的恶灵,这种恶灵也有可能带走人类的灵魂阿比延,但危害并不大,阿拉安人从来都不惧怕。这是因为除了巫医,不少普通人平日里用肉眼也可以看见它,因此可以采取措施主动躲避,从而不受其伤害。

(二)不同种类的恶灵麻冒

笔者在田野调查中发现,恶灵麻冒是阿拉安人神灵信仰中最为丰富多样乃至千奇百怪的内容,充满了奇幻和想象。下列是阿拉安人信仰中一些最常见的恶灵。

"达加延"(Tagayan)是阿拉安信仰中最为人所耳熟能详的恶灵,阿拉安人关于它和它危害人类的传说异常丰富,远远超过其他种类的恶灵麻冒或亡灵卡布拉格。达加延的身形、长相都和正常人类差不多。除了"tagayan"(达加延)这个名字,它还有一个称呼叫"mamao balite",意即"榕树上的麻冒"。这是因为达加延居住在高大的榕树(balite)上,阿拉安人认为,几乎每棵大榕树上都有达加延和它们的家,家里有男女老少的达加延;就像阿拉安人一样,整个达加延的家族都居住于其中。达加延看见人类之后,只要用手一指,人就会生病,这种疾病只有巫医能够治疗。同时,达加延特别有欺骗性,常常会化身为人类或动物,再与人们密切接触并加害人类。阿拉安人相信,因为大榕树上住了达加延,所以高大的榕树是神圣的,绝不可以砍伐。如果有人砍伐榕树,达加延会认为这是要把它的家烧毁,它就会报复砍树的人,让他生重病。报告人就曾提到,有人在自己的旱田里劳作时砍了棵大榕树,结果一回到家就病倒了,人感到忽冷忽热(有可能是疟疾的症状),赶紧去找巫医治病。阿拉安人相信,只有巫医在觉得需要的时候可以去砍伐榕树,其他人绝对不能,因为巫医是唯一可以对抗达加延的人,有足够强大的神力,可以避免被达加延报复。而且在巫医的多种巫术中,砍榕树也是对抗达加延的一种重要办法,当巫医为病人治病时,如果他认为病是达加延导致的,那么他就会考虑砍榕树,从而削弱达加延。

"班迪拉奥斯"(Bandilaos)是一种水边的恶灵。它们住在河流、溪水、泉水等有水的地方。样子是像马、猪、牛一样的四蹄动物。班迪拉奥斯会导致人患上一种叫 baktē 的疾病,症状体现在人的四肢上,手脚等会肿得非常大;如果病得更厉害的话,人的肚子还会胀大,并且伴有发烧;最终人会因此病而死。针对班迪拉奥斯导致的疾病,通常是用嚼生姜占卜治疗的阿格路亚(agluya)和呼唤善灵治疗的阿格巴拉欧(agbalaon)两种巫术仪式来治疗。雷卡姆修女的报告称,"班迪拉奥斯长的是蛇的样子,住在水中,会导致人四肢红肿"[1]。

"迪克巴朗"(Tikbalang)是一种山中的恶灵。它们通常居住在深山里的那些高大的巨石上,也有报告人声称,迪克巴朗也会住在树上[2]。它的长相和正常人类差不多,身材高大,且全身黝黑。它们会给人带来致命的疾病,病人的病症通常包括三种,第一种叫 maskit sa barusēn,即胸口疼;第二种是哮喘,称作 agunsugan,病人的症状是使劲喘气却喘不上来气;第三种是身上其他部位的疾病,症状包括发烧、腹痛等。有的报告人声称[3],人是看不见迪克巴朗的,当人在山里行走的时候,如果头被迪克巴朗抓一下,人就会头疼。还有报告人声称[4],人在路上行走时迪克巴朗也会在路上走着,因为人看不见它们,便与它们撞上了,或者挤碰到它们,人就会因此生病。另有报告人称,有一些"迪克巴朗"

---

① Magdalena Leykamm, *Sickness and Healing among the Alangan Mangyans of Oriental Mindoro* (Thesis Presented to the Faculty of the Graduate School Ateneo de Manila University, 1979), p. 33.

② 报告人 Linda Paing。

③ 报告人 Cardin Lintawagin。

④ 报告人 Linda Paing。

(Tikbalang)也会通过长矛扎人而伤害人类。这些迪克巴朗住在高山中的大森林里，都是异常高大的巨人，它手持着长矛站在林中，当有人走过时，把长矛向人身上投去，刺到人身上哪儿，哪儿就生病。迪克巴朗导致的疾病可以在病人家庭中直接由父母采用阿格路亚或举行模拟射杀恶灵的阿格巴马纳（agpamana）仪式来治疗；如果病人家庭内的治疗不能达到效果，就需要再求助巫医来进行正式的阿格巴拉欧巫术治疗。

"邦阿嘎万"（Pangagawan）是一种森林中的恶灵。它们居住在深山里的大森林里，栖身高大的树木上，长相就是普通人类的样子。它们带来的疾病是让人头疼。治疗邦阿嘎万的头疼需要求助于巫医，巫医在阿格巴拉欧巫术治疗之后，能够在梦中看见致人生病的邦阿嘎万，然后他便让自己的善灵卡姆鲁安与邦阿嘎万进行商谈，劝说它不要把病人的灵魂阿比延带走，如果它能够把病人的阿比延还回来的话，病人就能痊愈。

"班利布丹"（Panlibutan 或 Libot）是一种恶灵。它们会让人头疼、眩晕，最终失去理智、发疯发狂，"会让人头脑坏掉，发疯，病人甚至会咬自己的身体"[1]。它们长得就是普通人类的样子，有男有女，男的英俊潇洒，女的美丽俊俏。它们都住在很远的高山上，有报告人还指出了具体的栖身之处，"就在沙尔当山顶峰下面，那里有个叫 kabunay 的地方"，它们"身上的肤色很白，行走起来就像是天上飞行（agilayog）"[2]。它们让人生病是通过偷吃人吃的菜，包括各种阿拉安人日常生活中常吃的、可以算是"pang-ulam"（菜肴）的食物，比如肉类、鱼类、蔬菜等。平时阿拉安人在家中吃完饭，有菜剩了下来，被放到一边去。如果家里的人都离开出去了，就可能会有班利布丹来到屋里偷吃这些菜，这些食物就会被

---

① 报告人 Gemma Kapakal。
② 同上。

恶灵污染。班利布丹偷吃之后,人回来了再吃这些被恶灵动过的过夜剩菜,就会生一种叫 makapayag 的病,相应的动词生病则叫 agkapayagan。所以阿拉安人认为,吃饭的时候尽量全部吃完、不要剩;如果有菜剩下来,也不能放得太远,必须要放在身边,保持在人的视线之内;如果有菜剩在家里时,家里的人不可以全都离开,必须有人看着,以免被班利布丹偷吃。如果食物当天没有吃完,在房子里面放了一夜,而且屋里没人在家,那么到第二天,所有剩下的食物都必须扔掉,哪怕是鲜美的肉也要倒掉。不难理解,这条禁忌是阿拉安芒扬人从生活经验中观察得出的,在湿热的热带气候环境中,吃剩下的食物,尤其是富含蛋白质、脂肪的食物如肉类,放一夜很可能会变质,或者被动物昆虫污染,吃了后人会生病。而且这里所说的剩"菜"只是针对菜肴,阿拉安人认为主食类的食物如米饭、木薯、甘薯、芭蕉等等都可以随意剩下。实际上,这些主食是以淀粉为主要成分,的确可以摆放一段时间而不易腐烂。虽然阿拉安人不懂现代卫生观念,但他们可以用恶灵污染食物的理由来解释过夜食物有毒,并且主动不吃。笔者在克斯路言社调查时,临走前杀鸡做菜,剩下了不少,第二天,在当地的老者何塞(Jose Ofrecio)把饭菜热好了给笔者吃,但自己却不吃,只是看着笔者吃,因为他担心自己吃了会被恶灵所害。

"利波究坎"(Libodyukan)是一种恶灵。它们住在山上的森林里、山洞里,个头很矮,长得是人类的模样。它会给人带来各种各样的疾病,平日里它来到人身边游逛,人们看不见它,当它从一个人身边路过时,如果人正在挥刀砍树,无意中用刀击中了它,或者人正拿着木棍,不小心用木棍触碰到它,这个人就会生病。这个人碰到利波究坎身上的哪个部分,那么病痛就会出现在这个人身上相应的那个部分。还有报告人称,这实际上是利波究坎要吞吃这个人的灵魂阿比延,它四处追寻人类,如果被它追上了,那么人的阿比延就会被它吃掉，于是这个人就生病了。①

"朗古阿言"（Languayēn）是一种山上的恶灵。它们栖居高山之上，平日在山间的各个地方四处游荡，经常会来到人类身边。它是女的恶灵，长着女人的模样，大多看起来就像是位中年母亲，有时还会扮作老妇人、少妇、少女等模样。她会四处寻找小孩，专门给小孩带来疾病，比如发烧、腹泻、口腔溃烂、不吃奶等，最终让孩子生病而死，是非常致命的恶灵。她会导致孕妇的流产，在夺取婴儿的灵魂阿比延之后，还让孕妇产后出血、体弱。当它四处游逛时遇到了小孩子，就把小孩子的灵魂抓去了，于是这个孩子就会生病，阿拉安人把由此而来的病叫作 piyaglangguayon，意即"被朗古阿言弄生病"。有报告人声称，朗古阿言祸害小孩时，先把真的孩子及其灵魂带走，同时用木头、叶子之类的东西，利用神力造出一个与孩子一模一样的替身，并把这个替身"孩子"留下来。孩子父母看了并不知道，只会发现这个"孩子"慢慢就会生病而死。② 也有报告人声称，它祸害小孩的办法是化身一位母亲，趁孩子父母不注意，偷偷给孩子喂奶，小孩如果吃了就会逐渐变瘦，最终病死。③ 相应的治疗办法是请巫医来进行呼唤善灵的阿格巴拉欧巫术仪式。

"伊贝尔"（Epēr）是一种会到村社中偷袭人类的恶灵。它们长着人的模样，"全身黝黑，只有一颗大牙"④，会找到房子附近猎取人的灵魂阿比延。有时，它会像狗一样爬上阿拉安人的屋顶伺机害人。可以把细竹子削尖后插在房子各处，来防止它爬上屋顶

---

① 报告人 Juanito Agabayan，Romeyo Dulawan，Ignacio Limbuwan。

② 报告人 Tino Limpapoy，Rico Kalignayan。

③ 报告人 Wanita Linobuan。

④ Magdalena Leykamm，*Sickness and Healing among the Alangan Mangyans of Oriental Mindoro*（Thesis Presented to the Faculty of the Graduate School Ateneo de Manila University，1979），p. 34.

伤害人类。

"乌拉拉巴"（Ulalaba）是一种水中的恶灵。它们栖息在河流、泉水和湖泊里，"长得像鳄鱼"，会给人带来致命的疾病。雷卡姆修女称乌拉拉巴尤其会"伤害小孩子的灵魂阿比延，所以孩子不能单独去水边玩耍"。① 但它们有时候也像善灵中的"taga-bulod"一样，会对人友好，与人类交朋友，把各种鱼赐给人们吃。不过人们必须小心，不要给它机会让它来摄取自己的灵魂阿比延。

"乌过伊乌过伊"（Ugoy-ugoy）是一种专门让幼儿生病的恶灵。它会来到家中骚扰、戏弄幼儿的灵魂阿比延。乌过伊乌过伊侵扰的通常是一周岁以下的幼儿，等到孩子再长大些就不受它影响了。有报告人说乌过伊乌过伊长得一副"半人半猪"的模样，幼儿在家中被它所侵害，会感到疼痛，大哭大叫，但不会有致命疾病。乌过伊乌过伊恶灵骚扰的通常症状是，孩子在晚上莫名其妙地哭，一直哭得不停，怎么哄都哄不住。

还有一些恶灵虽然称呼各不一样，但致人生病的方式很相似，可以归为一类。它们平时都随身携带着箭、长矛或者木棒，遇到人时会向人射出箭、投出长矛或击出木棒，人如果被打中了，就会生病。无论恶灵本身还是它们的长矛、箭，都是人们肉眼看不见的。这些恶灵包括如下几种。

"布考"（Bukaw），这种恶灵住在山洞里、大块岩石附近、泉水中等地方，长得像是水牛一类的大型牲畜。它会让人的头部、躯干和腹部疼痛。当人们在路上行走时，bukaw 悄悄站在一边，手里握着一根木棒，它趁机用木棒击打人的身体，被它打中的部位就会生病。人看不见布考，只有巫医在梦中才能看见。

---

① Magdalena Leykamm, *Sickness and Healing among the Alangan Mangyans of Oriental Mindoro* (Thesis Presented to the Faculty of the Graduate School Ateneo de Manila University, 1979), p. 35.

　　"巴纳布万"(Panagbuwan)，这种恶灵是异常高大、毛发很长的男性巨人，肤色白皙，手握长矛，在山巅之上非常冷的地方出没。它会让人腹部剧痛，非常致命。它在森林中游逛，看见有人在那里砍树，就用长矛戳人的肚子，那个人就会生病，生的病叫作salabēng。

　　"萨灵阿特"(Salingat)，这种恶灵生活在高山之巅，男人的模样，身材和普通人类相仿。他手持长矛，在森林中游走，看见人就把手中的长矛掷出去，如果击中了，那个人就会生病。它会让人腹部、腰部、背部疼痛，这种病在阿拉安语中叫 abulag。

　　"波沃特"(Boot)，这种恶灵肤色白皙，身材高大，脑袋特别尖，长了四只眼睛，前面一双，脑后还有一双。它时常手持长矛，守候在泉水旁边。待有人路过时，它就投出长矛，如果被长矛击中，那个人回去后就会腹痛生病。人们可以采用阿格巴马纳(agpamana)仪式来治疗这种恶灵的病。

　　雷卡姆修女的调查中还报告了阿拉安人其他的一些恶灵。具体包括[①]：巴拉吉斯(Balagis)是长得像狗的恶灵，会导致腹痛和通便不畅。巴利纳索(Balinaso)是样子长得像人的恶灵，会导致全身性的皮肤瘙痒。班括伊(Bankoy)或萨洛(Salo)是长得像狗的恶灵，它们会从房子下方进来，爬上柱子，不断长大，直到长成水牛那么高大。它们会先把火塘里的灰烬吃光，然后吃掉屋里人们的灵魂阿比延。但人也有办法对付，只要把盐撒在地板上，让一些盐撒落到房子下方，它们就会很害怕而跑掉，因为它们不知道这些盐是什么东西。巴里比(Baribi)是长得像人的恶灵，它打中了某人，某人就会变得越来越瘦弱。巴路基(Barungi)是长得像

---

　　①　Magdalena Leykamm, *Sickness and Healing among the Alangan Mangyans of Oriental Mindoro*(Thesis Presented to the Faculty of the Graduate School Ateneo de Manila University, 1979), pp. 33—36.

人的恶灵,住在河谷中,它会吸人的血,然后把尸体弃置于大树下。巴西科(Basikol)是长得像人的恶灵,导致人牙疼。达高(Dagaw)和巴巴萨温(Paspasawen)是长得像人的恶灵,住在高山上,导致人们眼部疼痛和失明。拉归奥(Laguio)是一种非常凶猛的恶灵,即使是巫医通过做梦也看不见,它导致人们全身剧痛并很快死亡。拉奥格(Laog)是种半猫半人的恶灵,如果在房子周围听见它的叫声,要小心它侵害屋里的人。巴劳文(Pablauen)是种诱使人们诅咒、咒骂他人的恶灵,它让夫妇俩激烈地吵架,如果吵架对骂不能平息,家里就会有人因此而生病或突然死去。巴宁卡万(Paningkauwan)和达里波波(Talibogbog)是来自天上的恶灵,在地上没有居所,它们非常邪恶,害人之后,人会毫无病症就死去。

(三)对抗和驱逐恶灵的方法

面对各种各样的恶灵,除了最为终极的巫术治疗,阿拉安人有多种应对的方法,尽可能躲避和驱逐恶灵、让人免受侵扰。对付各种恶灵,最简单、最常用的办法,就是想方设法躲开恶灵,不去恶灵出没的地方,如果身边有可能有恶灵,就使用辟邪物来护身。一般说来,各种各样的恶灵多数情况下,都是在深夜里或阴暗的森林中活动,当夜里独自一人在房子里走动或在村社中穿行时,为防止被这些恶灵的长矛击中而生病,阿拉安人会拿着一种叫"巴拉道"(baladaw)的细长竹片作为护身符,一边走还一边说:"bulag bukaw, no siyo mameraw, siyogbuan baladaw, sa galem magdidilaw."意为:让人生病的恶灵,如果你见到我,这个竹片就会刺中你,让你身体变黄(意指死去)。① 有些恶灵会跑到人们居

---

①　Magdalena Leykamm, *Sickness and Healing among the Alangan Mangyans of Oriental Mindoro* (Thesis Presented to the Faculty of the Graduate School Ateneo de Manila University, 1979), p. 52.

住的房子附近猎取人的灵魂阿比延,甚至会像狗一样爬上屋顶伺机害人。阿拉安人便采用一种叫 bolo 的竹子,细细长长,把一端削尖,像长矛一样插在房子各处,包括柱子、屋顶和墙壁的缝隙中,注意要把削尖的一端对着房子外面,看起来就好像是让房子长满了刺一样。阿拉安人认为这些细竹子就像是箭蔟,恶灵靠近了会被扎死,可以防止恶灵靠近自家的房子害人。在农业生产中,阿拉安人也要提防恶灵的侵害。旱田开垦时举行占卜旱田收成的旱田班素拉仪式中,阿拉安人会在旱田中心竖起一根木棍,木棍上绑着一种叫"库多斯"(kudos)的十字形辟邪物,整个种植季中库多斯都要竖在旱田中,防止各种恶灵前来毁坏人们的农作物。平时阿拉安人开垦旱田时,都是在已经烧荒开垦过的地方轮耕开垦,砍伐树木时也都选择次生林为对象;阿拉安人不会去砍伐原始森林中那些从未砍伐过的大树,传统上阿拉安人绝不允许去砍伐那些需几人合抱的大树,更不会选择将这样的原始林地开发成旱田。因为阿拉安人相信,这种大树每一棵上面都可能居住着恶灵,如果砍伐的话,会惹恼恶灵报复人类,使人生病,使村社发生不幸。

阿拉安人的对抗方法常常是有针对性的,即针对某种恶灵的特点进行。比如骚扰孩童的恶灵乌过伊乌过伊害怕烟和灰,所以阿拉安人平时会用这两样东西来对付它。阿拉安人相信,乌过伊乌过伊经常会趁着父母亲回家的时候,跟随着父母亲一起进到屋里来。于是,为了防止它尾随进来,父母亲刚走进家门时,立刻从火塘中抓取少许灰烬,转过身去,往门口周围撒灰,一边撒灰一边口中念道:

> Ugoy-ugoy, ugoy-ugoy,   乌过伊乌过伊,乌过伊乌过伊
> mabēlēg in ugoy."   乌过伊眼瞎了(看不见)。

这里预防的策略是用灰蒙住乌过伊乌过伊恶灵的眼睛,让它

看不见孩子，这样恶灵就不会再跟着自己进到屋里来，也不会再戏弄或伤害孩子了。如果孩子真的被乌过伊乌过伊伤害了，阿拉安人也有对付的办法。孩子父母就会去拿一根柴火棍，在小孩子的身边四周随意挥动，一边挥动一边念道：

Ugoy-ugoy，ugoy-ugoy，	乌过伊乌过伊，乌过伊乌过伊，
pangkabatian，pangkabatian，	招惹到（恶灵）了，招惹到（恶灵）了
kamay ba tē asin piyag-orat.	即便是这个小孩被（你）戏弄了。

这是在对恶灵乌过伊乌过伊说，让他放过受惊吓的孩子。然后不断重复上述动作和语言，用柴火上冒出的烟可以把恶灵驱赶走。另外，还有一种类似的治疗乌过伊乌过伊伤害的办法，用一种叫 Kalumpang 的树的果实进行烟熏驱魔。如果孩子毫无缘由地哭个不停，孩子父母找来一个 Kalumpang 果实，掰一片果皮，放在由半个椰壳做成的巴奥碗（bao）中，在果皮上放一块小的燃烧着的炭火进去，再另掰一片果皮盖在炭火上面。这样炭火能把果皮熏烤出白色的烟。然后把巴奥碗放在小孩子的肚子上、头上，用烟来治疗。一边用烟熏烤孩子，父母一边念道：

ugoy-ugoy，kamay ba bulag，	乌过伊乌过伊，尽管得了布拉格病，
ina piyang-ugoy wa.	这是招惹到了恶灵的结果。
No kanyo idkay piyauli，	如果你不（把孩子阿比延）还回来，
agratēng isang daan kay.	再拿一百个（这样的烟来熏你），
Piyang-ugoy wa. Piyang-ugoy wa.	（孩子）被乌过伊戏弄吓到了，
Pauliyēn wa.	（孩子的阿比延）已经还回来了。

雷卡姆修女还提到，对于一些不是特别厉害的恶灵，可以采取一些简单的办法抵抗。比如有一种叫班巴登（Pambaten）的恶

灵会让人头晕目眩,有人头晕时,别人就拿一块布往他头上扇风,
一边扇一边说:

Pambaten,Pambaten,Pambaten,	恶灵 Pambaten 啊,
Taraw, taraw, taraw.	你快去吧、去吧、去吧,
Kamay siro peraw,	就算是他遇到你,
aperawen mga kakablaganan.	你伤害他,让他生了病。
No ina wa in dailan Pambaten,	如果这是(生病的)原因,
ina ablaw wakay.	那就把它忘掉吧,
Subali't pakareregen,	但要(让病人)好起来。

　　阿拉安人信仰中有各种各样的恶灵,每种恶灵也有自己的特
点,阿拉安人遇到的每一次疾病、每一件不幸的意外、灾祸,都能
找到某一种恶灵作为疾病、灾祸的责任者和来源。上述这些抵御
恶灵的办法只是较为简单和普通的对策,旨在防患于未然,或者
有针对性地进行驱逐行动。但是如果恶灵已经侵害到人类,人的
灵魂阿比延已经被他摄取,那就需要采取一系列正式的巫术仪式
去进行治疗了。

结　语

　　阿拉安人信仰中有各种千奇百怪的恶灵,虽然它们面目狰
狞、令人畏惧且极具威胁性,但人们还是有不少办法可以去应对,
可以采取一些简单的办法去躲避、驱逐恶灵,如果简单的方式不
奏效,就要进入真正的巫术治疗阶段,利用善灵与恶灵二元对立
的神灵信仰,呼唤善灵去对抗恶灵,夺回被恶灵摄取的人类灵魂
阿比延。有趣的是,在阿拉安人的口头传统中,各种恶灵很少会
真的致人死亡,在笔者所调查到的各种口头叙事中,很多都是各

种恶灵麻冒让人得重病、怪病，或者严重干扰人的正常生活，但最终故事中往往都找到了解决方法，人类终于赢得了与恶灵对抗的胜利。各种恶灵甚至成为了阿拉安人喜闻乐见的故事主角，关于恶灵害人的传说故事很多，但关于人们与之作斗争的传说故事更多，各种各样的故事中展现了人们想方设法与恶灵斗智斗勇。这些智斗的成分使得这些口头叙事还带上了娱乐性、教育性的色彩。阿拉安人在故事中不仅敢于频繁地提及这些恶灵，还敢讲述如何对付、捉弄乃至打败它，这其实表明阿拉安人并非真的畏惧它，相反地，阿拉安人这些讲述带有一种略为戏谑和轻松的态度，并且借用恶灵被打败的故事来衬托出巫医的神奇法力。

实际上，生活中的阿拉安人确是非常害怕恶灵麻冒的，他们深知人类不是恶灵麻冒的对手，死亡是不可逃脱的宿命，但凡是有遇到麻冒的危险的地点、场合都会尽可能避免。不过，到了口头传统中，在各种神话传说、民间故事里，他们都尽可能让人类成为与恶灵对抗中的胜利者，从而借此在心理上获得很大的安慰、鼓励和自信。这实际上是他们在通过各种故事给自己打气，让自己感觉到如果各种巫术措施得力，那些千奇百怪的恶灵麻冒是可以战胜的。这种口头上的快乐、心理上的慰藉是生活困苦、缺少医药的阿拉安原住民必需的，可以缓释面对疾病和灾祸的心理负担。通过这种办法，阿拉安人可以对生活满怀信心、鼓足勇气、充满希望，一方面去进行实践活动——举行巫术仪式去对抗恶灵麻冒，另一方面在口头传统中用各种智斗故事、打鬼传说来戏谑自己的对手。

作者简介：史阳，北京大学东方文学研究中心、北京大学外国语学院副教授。

不自由的身体

——从马来社会看权力对女性身体的规训

康　敏

　　马来西亚是一个典型的热带国家,全境都介于赤道以北 1°—7°之间,属热带雨林气候,沿海平原为 25℃—30℃,年平均降雨量在 2000 毫米—4000 毫米。相比中国大陆最南端的海南岛①,马来西亚显然更加高温潮湿。然而,就是在这样全年皆夏的炎热天气里,这里的人们,尤其是穆斯林女性却能忍受从头包到脚的日常打扮。她们的头巾完全盖住了头发、耳朵、脖子,她们的锢笼装(Baju Kurung)上衣长到大腿,下裙没及脚踝,长袖遮挡到手腕,有些讲究的人还要戴手套和穿袜子。后来我才知道,这还不算,她们很多人在头巾里还戴一顶紧身的线帽,长袍里还穿着长裤,这些措施都是为了确保不会因为意外情况而露出身体一丝一毫。而当我出于好奇,询问她们是否感觉闷热,得到的回答通常都是"我们习惯了"。本文基于笔者在马来西亚几次时间长短不一的田野调查,尝试回答女性的身体如何"习惯于"社会规范的问题,进而揭示政党、族群、国家、现代化意识形态如何作用于女性的身

体,以及马来穆斯林对性别关系的看法。

一、田野调查点的基本情况

本文所依据的一手资料大多来自于 2004 年 3 月至 2005 年 1 月期间笔者在马来西亚吉兰丹州①一个马来村庄的田野调查,还有部分资料来自于 2007 年、2015 年、2017 年和 2019 年对马来西亚的几次短期访问。

吉兰丹州是马来半岛东北部的一个州属,北与泰国东南部接壤,土地面积 14,920 平方公里,19 世纪时就是马来半岛上人口最稠密的土邦,至今也仍然是马来人口比重最大的州属;在大约 150 万的总人口中,有 94% 以上是马来人②。笔者的田野点——仪村的常住居民全部是马来穆斯林。19 世纪中期,吉兰丹被称为"*Serambi Mekah*",即"麦加的入口",大量规模可观的 *pondok*(传统的伊斯兰教学习所)和一批知名的伊斯兰学者吸引了全国各地乃至海外的求学者。1959 年,打着伊斯兰旗帜的反对党泛马伊斯兰党在全国大选中取得胜利,顺利执政吉兰丹州,一直到 1978 年③。1990 年,泛马伊斯兰党的继承者伊斯兰党(PAS)④再次从"国阵"⑤手中成功夺权,从此执掌吉兰丹州到现在⑥。伊斯兰党长期以来都

---

①　本文中的地名、机构名称、货币翻译部分采用了马来西亚华人社群规范过的方式。

②　*Population and Housing Census of Malaysia 2000*:*Preliminary Count Report*. Kuala Lumpur:Department of Statistics Malaysia,2000.

③　泛马伊斯兰党于 1973—1977 年曾短暂加入执政党联盟——国民阵线。

④　在本文中,我们主要涉及的只有两个政党,即马来民族统一机构(简称"巫统")和伊斯兰党这两个宣称代表马来人或穆斯林利益的政党。

⑤　国民阵线(National Front,简称"国阵"),由 14 个政党组成联合执政党,其中巫统处于主导地位。当我们提到国阵时,其实也相当于巫统。2018 年马来西亚第 14 届全国大选主要在执政的"国民阵线"、反对派联盟"希望联盟"(Pakatan Harapan)和由伊斯兰党领导的"和谐阵线"(Gagasan Sejahtera)三者之间展开。结果,执政的国民阵线败给了反对派"希望联盟",失去了自建国以来 60 余年的执政权。这是马来西亚历史上首次出现政府改朝换代。

⑥　伊斯兰党也曾短期执政登嘉楼州,该党在马来西亚北部马来人集中的地区影响较大。

是马来西亚国内实力最强、也是最重要的反对党,它标榜自己是马来人的政党和伊斯兰的政党。2018 年大选之后,马来西亚政权更迭,伊斯兰党主导的"和谐阵线"在国会选举中获得 18 个席位,比上届大选减少 3 席,但在州议会选举中赢得吉兰丹和登嘉楼州的执政权。这是伊斯兰党近几届大选以来较好的州议会选举成绩。

简而言之,吉兰丹州被视为马来西亚最传统、最保守的州属之一,同时也是最具有伊斯兰教色彩和马来人属性的州属。

二、驯服身体

每一个社会都会对其成员如何使用和展现自己的身体形成一套规范或制度。无论把这样的规范视为"文明的进程"或"权力的规训",这一过程总是从个体呱呱坠地就开始了,并将伴随其一生。

(一)出生割礼

一般而言,人们在一生中经历的第一个重大仪式是标志其成为社会成员的出生礼仪。为马来男婴和女婴举行的出生仪式有所不同。笔者在仪村参与过的男婴的出生仪式是剃发仪式,而女婴的则是割礼仪式。[①] 马来社会作为一个信仰伊斯兰教的社会,明确要求男性进行割礼,但对女性并没有强制性要求。然而,为女婴进行割礼(*khatan*)却是一种普遍情况。

仪村的仙蒂在女儿出生后的第 40 天为她举行割礼,这也是仙蒂出月子的时间。她请了一个附近村里的女巫医(*bomoh*)来施术,这个女巫医也当过接生婆。女巫医先是用燃烧的木炭和大米在房子四周播撒,做仪式性净化,然后回到女婴居住的屋里,用线

---

① 详见康敏:《习以为常之蔽——一个马来村庄日常生活的民族志》第三章,北京大学出版社,2009 年。

圈继续做净化仪式。她将以白色绒线制成的线圈绕过抱着女儿的仙蒂（见图1）三遍，然后取出事先准备好的一把小刀（就是非常常见的、学生们用来削铅笔的那种小刀，三角钱一把，也没看见她用酒精之类的消毒），轻轻地在婴儿的阴蒂上划一下，孩子只哭了不到一分钟就停了，可见并不是太疼，估计也就是出了一点儿血。从仪式的整个过程来看，传统巫术的成分似乎要远远多于伊斯兰教仪式的成分。

至于男性，割礼则一般在11—13岁左右进行，多数情况是到诊所由医生手术。如果把割礼当作一种成年礼的话，那么这只适用于马来男性。对于女性来说，成年的标志就是月经的初潮，但这并不伴随着相应的仪式。

关于女性的割礼习俗有过很多争论，女性主义者以及大多数西方国家都声称这是对女性身体的侵犯，造成了女性的痛苦，但包

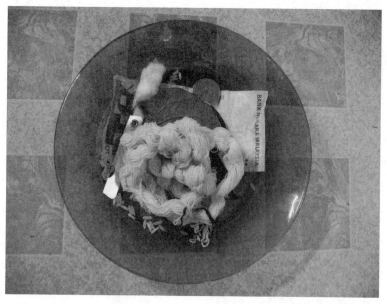

图1　举行女性割礼仪式的用品，包括：白线圈、大米、小刀、现金等

括非洲、中东和东南亚国家在内的穆斯林社会却坚持主张所有的穆斯林女性都应当接受割礼,以降低其性欲从而减少婚后出轨的风险。根据笔者的实地观察,上述争论既不适用于东南亚的历史,也不符合马来穆斯林社会的现状。

首先,古代东南亚国家普遍存在着对男女性生殖器进行手术的记录,但手术的目的与今天伊斯兰教的出发点截然不同。历史学家安东尼·瑞德指出,女性阴蒂切除术在印度尼西亚广为流传,在 17 世纪的望加锡也有报道,这主要是为了女人的性快感。"男人必须经受痛苦的阴茎手术以增加女人的性快感。这种习俗在东南亚的分布之广令人吃惊,但在世界其他各地则闻所未闻。"①他认为这最能表明妇女在性生活中享有极高地位,并与她们在经济生活中的重要性一起,证明妇女在东南亚社会中的较高地位。再者,即使是在伊斯兰教已经成为官方宗教的马来西亚,我们观察到的女性割礼仪式也远不如宗教要求的那样严格,大多数女性都是在刚出生不久被执行这一仪式,她们不仅没有留下任何记忆,也谈不上痛苦。或许可以换个说法,人们用"敷衍了事"或偏重传统驱邪仪式的做法消解了伊斯兰教意识形态的压力。

(二)斋戒训练

伊斯兰教规定,每年伊斯兰教历 9 月(*Bulan Ramadan*)为斋戒月,斋月结束的次日即 10 月 1 日为开斋节。开斋节是穆斯林最重要的节日,相当于汉族人的春节。所谓斋戒,就是要从日出前开始到日落后的这段时间,停止饮食,并且克制情欲,进入全身心的静修状态。古兰经上有云:"信道的人们啊!斋戒已成为你们的定制,犹如它曾为前人的定制一样,以便你们敬畏。"(2:183)②仪村的多数

---

①　安东尼·瑞德:《东南亚的贸易时代:1450—1680 年》(第一卷),吴小安、孙来臣译,商务印书馆,2010 年,第 166 页。
②　《古兰经》(中文译解),马坚译,麦地纳:法赫德国王古兰经印制厂,伊斯兰教历 1407 年(约公历 1987 年),第 28 页。

村民认为,斋戒一方面是为了让大家都能牢记穷人们的艰辛,切身体会他们没东西吃时的饥饿感觉,以便大家乐善好施、忆苦思甜;另一方面是为了让肠胃得到休息,有利于身体健康。他们还认为,由于饥饿,所以困倦无力,所以最好少工作、少走动、少说话,多睡觉。

在整整一个月的时间里,村里的清真寺每天清晨 4 点半左右就开始播放诵经的广播,但勤劳的主妇们往往要在这个时间之前准备好早饭。大家在月落前吃"封斋饭";等到晨礼的 *Azan*(召唤礼拜声)一起,一切饮食均被禁止,就连抽烟、咽唾沫都是不允许的;晨礼过后,有些人会继续睡觉,有些人则就此开始一天正常的工作。白天,村庄会显得比平日安静许多,往来行人很少,多数商店也不开门营业;一直到下午三、四点左右,村子才会慢慢热闹起来,因为妇女们该忙着准备晚饭了。在斋月里,人们通常吃得比平时好,一些平日里舍不得买的牛肉、鱼都会更频繁地出现在餐桌上。主妇们对饭菜的制作也格外精心,种类要多、数量上要管够。不过,由于斋戒的疲惫,会有很多主妇不愿意自己准备饭菜,宁可花钱到市场上去买现成的,所以餐饮业在斋月里生意最好。

笔者在一个附近的市场上观察到,每天 7 点左右,那些来不及赶回家开斋的小商贩都守在各自的摊位前,面前摆好了吃的,焦急地等待着附近的清真寺响起唤拜声,那是可以吃"开斋饭"的信号。有的人甚至早就将手放在了食物和饮料上。唤拜声一起,大家就如饿虎扑羊一般,一头扎进面前的食物里狼吞虎咽起来。是啊,从早晨 5 点多到现在,在炎热的气候下滴水不进,又有谁能抵御住食物和水的诱惑呢?这一年一个月的斋戒的确是对人的身体和心灵的重大考验。

在斋月里,由于虚弱劳累而生病的女性要比平时多很多,因为她们在斋戒的同时也要从事繁重、甚至是更繁重的家务劳动。

仪村的亚姐大约三十来岁,她的日常工作是在学校上课期间替小学校里的一个老师照看孩子,每周五与丈夫龙哥到新城市的另一个行政区的周末集市卖汉堡包和饮料。龙哥除了摆临时摊点,最重要的身份是"黑面的"司机,他买了一辆二手面包车,每天在新城市与仪村之间往返载客,但只要城里的交警一开始"严打",他就停业休息。亚姐常说,斋月里她是最辛苦的,因为斋戒的同时还要更卖命地工作:早晨要起得更早给全家准备早饭,上午购买原料或准备原料的同时还要当两三个小孩的保姆,中午到下午摆摊,回家后还得清洗收拾锅碗瓢盆,打扫家里卫生……不过她认为,辛苦这一个月就能有三千多令吉的丰厚收入,还是很值得的。

　　斋月里的规矩听起来似乎严格得吓人,其实还是有很多变通办法。那些生病、怀孕、来月经、坐月子的人都是可以不斋戒的,但要想办法弥补,比如在斋月后找时间补足天数或者通过施舍给穷人食物来抵过。还有那些无意中吃下食物的人也没有关系,补斋戒就是了。很多马来人认为斋戒会让人更健康,而且还以能斋戒为荣。虽然古兰经上并不鼓励年幼的孩子斋戒,但有些父母不仅允许自己才五六岁的孩子斋戒,而且还引以为傲。所以,马来孩子们从小就通过斋戒训练自己的身体和意志。斋戒是特别受到鼓励的善行(*sunat*)。

(三)身体礼仪

　　马来人有着非常复杂和精致的关于身体的礼仪。在生活中,如果不遵守这些礼仪,会被视为粗鲁和无礼,缺乏教养。不恰当的姿势和仪态甚至可能导致冲突。

　　Salam 是全世界穆斯林共有的互相问候的方式。"*beri salam*"①在马来社会中被认为是种美德。根据关系亲疏和辈分不

---

① 指主动地问候别人。

同,salam 可以分为三个层次:晚辈问候长辈一般采用吻手礼,即晚辈要用双手抬起长辈的右手,然后用嘴唇或额头轻触长辈的右手背;平辈之间就是普通的问候方式;而关系特别亲密的同性之间,一般会采用贴面礼,即先是双手相握,然后张开双手拥抱,同时在两边的脸颊各贴触一下。这种肢体语言有时要比口头语言更能表达感情。有时,即使是不相识的人们,在清真寺见面时,也要互致问候,一个简单的 Salam 就能立刻拉近人们之间的距离,让人感受到穆斯林之间的兄弟(姐妹)情谊。良好的习惯需要从小养成,很多小孩还没有学会说话,母亲就要教他(她)行吻手礼了:她们往往是先把自己的右手伸到孩子面前,让孩子用双手抓住自己的手,然后再主动地把右手送到孩子的嘴巴前让他们亲一下。多重复几次,孩子就能学会了。

马来人鼓励谦卑恭敬的走姿和坐姿。可能的话,尽量不要从别人面前穿过,尤其是不要从两个正在交谈的人中间穿过。如果情非得已,不得不这么做时,那么必须将头和腰自然弯下,左手背于身后,右手则垂直地面,尽量伏低身子,迈着小碎步迅速通过。昂首阔步地从别人面前走过是一种傲慢的举动,除非你的地位比在场的其他人都要高。当人们要用手指示方向或事物的时候,一定要注意别用食指直接指示,而应该将手轻轻握成拳,用扣在拳头上的大拇指指示方向或事物。

即使如今桌椅之类的家具早已普及,马来人仍然喜欢席地而坐。当女性坐在地上时,要求双腿并拢,蜷缩在臀部的一侧,身子自然向另一侧倾斜,为了保持重心平稳,可能需要将一只手伸直撑在地上,就好像丹麦那个有名的美人鱼雕像那样坐着。这样的坐姿在马来女性中最为常见,属于得体的、优雅的坐姿。其实,生活中也有不少女性经常像男性那样交叉盘腿坐,但前提是她必须穿着宽大的长裙,把大腿、小腿以及腹部以下大腿以上的部分完全遮盖住。总的来说,马来社会对女性坐姿有三条最基本要求:一是不要暴露羞体,二是不要把脚冲着别人,三是不要坐得比长辈高。如果长辈坐在椅子上,晚辈最好坐在地上;如果长辈坐在地上,晚辈也就只能坐在地上,即晚辈不应当坐在比长辈高的位置上。

对于那些从小养成坐在地上的习惯的人来说,椅子始终没有地板亲切。20世纪40年代,人类学家罗斯玛丽·弗思(Rosemary Firth)在吉兰丹进行田野调查时,全村只有她家里有椅子[①]。虽然现在要找一户家中没有椅子的人家也很困难,但人们坐在椅子上的时间似乎还是没有坐在地上的时间多。孩子们坐在椅子上、在书桌前学习的习惯至今仍未养成。他们只在教室里使用桌椅,回到家,盘腿往地上一坐,胳膊往高处(床沿、椅面、台阶都行)一搁,或者就搁自己腿上,就那样写起作业来。村里70多岁的艾莎奶奶吃饭时总是一个人坐在饭桌附近的地上,铺上一张报纸,单独进餐,我很想不通,她说她从小这么坐地上吃饭已经习惯了,在桌上吃饭反而不习惯。每逢马来人家里举行宴会,前来帮忙的左邻右舍、亲朋好友们(女人们)就在厨房里围成一圈,席地工作。要睡觉了,塑料席、竹席一铺就成了床,有的甚至连席子都不用,躺下就能睡。

宗教绝不仅仅是一种抽象的信仰和观念,宗教需要驯服每个人的身体,在人们的身上打下持久的烙印。穆斯林一天五次的礼拜实际上是通过一系列重复的仪式来巩固对神圣的确认。在穆斯林礼拜时,"动作被分解成各种因素。身体、四肢和关节的位置都被确定下来。每个动作都规定了方向、力度和时间。动作的连接也预先规定好了。时间渗透进肉体之中,各种精心的力量控制也随之渗透进去"。[②] 日复一日的礼拜仪式,将人们与真主紧密地

---

① Rosemary. Firth, *Housekeeping among Malay Peasants*. 2nd ed. London: The Athlone Press, University of London. 1966〔1943〕. p. 186.

② 〔法〕米歇尔·福柯:《规训与惩罚:监狱的诞生》,刘北成、杨远婴译(第二版),北京:三联书店,2003年,第172页。

联系在一起，真主高不可及，但又深深地刻在了人们的心里。还有大家所熟知的，穆斯林以右为贵。这是因为伊斯兰教义规定，穆斯林清洁身体时必须使用左手，而吃饭进食必须使用右手（马来人传统上是用手吃饭的），所以左手容易让人产生污秽的联想，在为别人递东西或问候时一定只能用右手。于是，那些天生的"左撇子"们就要面临艰难的训练和纠正过程，直到他们能够按不同功能正确地使用左右手。在一所中学教英语的娜老师认为，伊斯兰教关于左右手功能的区分是非常科学的，因为左右手分工更有利于大脑的发达。她有一个 13 岁的女儿是天生的"左利手"，但经过训练，现在左右手都能够灵活运用，只是在写字时更喜欢用左手，偶尔在用勺子吃饭时也更爱用左手。

（四）着装规范

服饰不仅是一个社会群体中人与人之间传递信息、进行交流的重要符号，也是区别不同社会群体的符号和象征物。伊斯兰教对穆斯林的服饰有明确而且严格的规定，最基本的要求就是不能暴露"羞体"（aurat）。所谓的"羞体"就是指人身体上性感的部位，或者说是容易让人产生性联想的部位。除了大多数人公认的胸部、臀部、生殖器官、大腿属于"羞体"之外，伊斯兰认为女性的头发、耳朵、脖子、胳膊、小腿，甚至声音也都属于羞体。[①]

锢笼装（Baju kurung）加上一条头巾（tudung）是马来妇女在公开场合最常见的打扮，也是一切正式社交场合要求穿的服装。锢笼装分成衣服和裙子上下两个部分。衣服的袖子要长至手腕，垂下来可以遮住半个手掌；衣服是套头穿的，没有领子，仅在围绕颈部的那一圈车上边，在正中开一个约十厘米长的口子，用扣子扣上；衣服要长到足够遮住臀部，一般长度都得到膝盖甚至小腿；

---

① 详见康敏：《马来人的服饰》，《东南亚研究》2006 年第 2 期。

衣服是宽宽大大的，没有收腰的剪裁，反而是从肩部往下更宽大一些，以便能完全罩住下面同样宽大的裙子。裙子的长度要从腰间直到脚面，有的甚至接近地板；其特别之处在于有一侧要缝制出四五重皱褶（像中国折扇那样），左侧、右侧或者后侧都可以，跟系裙子的方向一致；有了这些皱褶，使得裙子更好看，走路时也不至于绷住了腿，露出了腿形；裙腰一般都配有松紧带，用钩子或用扣子固定。衣服和裙子宽大一些，穿着感觉上就不那么炎热，但行动时难免会走光，比如有风或上天桥、上汽车等，为了保证不露小腿，虔诚的马来妇女还要在裙子里面再穿一条衬裤。

　　头巾（*tudung*）是着装的重要组成部分。选择头巾就像我们为服装选择帽子一样，爱美的马来妇女会根据服装的花色和图案来选择头巾。如果衣服是非常艳丽夸张的花色，那就选一条素色一些的头巾；如果衣服略显朴素，则选择一条较鲜艳的头巾。头巾的颜色最好与衣服上的颜色相协调。头巾的大小是有讲究的，通常用的头巾都是正方形的，至少得有一米至一米五的长宽，这样才能包住整个头部。不过，严格来说，头巾并不只是为了包住头发的，它的作用还包括要遮住女性的耳朵、脖子、前胸和肩部。即使头巾包得再紧再好，时间长了难免会松动。为了保证不露出一丝头发，马来妇女在包上头巾之前，还得用一顶带松紧的线帽把头发拢个严严实实，这样就算头巾掉了松了，头发也不会露出一丝一毫。这种线帽往往都是用膨体纱之类的毛线织成的，在中国一般是用作抵御寒冷的物品。

　　马来西亚的年轻人也喜爱 T 恤衫和牛仔裤的装扮，但他们搭配的方式却有所不同。首先，他们的衣服都特别宽大。通常 T 恤要长到能盖住臀部，宽到可以掩盖一切体形。其次，男性可以穿短袖的 T 恤，但女性的 T 恤衫则最好是长袖的，而且不能太薄，不能明显地露出里面的内衣。牛仔裤也不能穿得紧绷绷的，必须足够宽大。当然也有一些女孩喜欢穿短袖紧身 T 恤和能显出修长

双腿的牛仔裤，但在吉兰丹，这是需要有很大勇气的。爱打扮的
18 岁女孩伊达告诉我，由于她喜欢穿短 T 恤和窄牛仔裤，没少挨
父母和别人的白眼。至于许多华人女孩喜欢的迷你裙、超短裤、
中裙、七分裤、背心等，就和马来女性无缘了。许多地方规定衣衫
不整者不得进入，在吉兰州首府新城市的闹市区立有一块大广告
牌，告诉人们什么样的衣着是得体的：穆斯林女性必须要包头，男
性不能穿背心短裤……

（五）两性的空间隔离

禁止男女两性在公共空间的自由混合是伊斯兰教区别于其
他世界性宗教的重要特征之一。"两性间的自由混合是被禁止
的"，因为"伊斯兰教希望建立一个纯洁的社会，连眼睛的通奸行
为都没有机会。……所有人都被告知在公共场合要'低下他们的
视线'，这样眼睛就不会被魔鬼撒旦当作工具。"[1]马来人的房屋设
计与空间利用正是遵循了这一男女严格分开、女性不在公共场所
暴露的规则：不管是在清真寺里举行的集体礼拜还是家里的诵经
仪式，女人总是被安排在男人后面，中间还必须有布帘子完全挡
住彼此的视线；在宾客较多的时候，女性从后门进厨房，男性从前
门进厅堂；举行仪式时，女性不得出现在厅堂，厨房与厅堂之间的
门帘必须放下，让男宾看不到厨房里的女宾；厨房位于房屋的后
面，远离大路，这样经常在厨房里忙碌的妇女也就不会暴露在公
众的视线之中。[2]

男女要分隔的观念还延伸到了一切世俗领域。在一些日常

---

① Abdul Ghaffar Hasan, *The Rights and Duties of Women in Islam*. Edited by
Abdul Rahman Abdullah Manderola. Saudi Arabia, Riyadh: Darussalam Publishers &
Distributors. 1999. pp. 20—21.

② 详见康敏：《厨房与厅堂：马来人的房屋设计所体现出的性别关系》，《开放时
代》2006 年第 3 期。

的公共场合,男女也是要注意保持一定距离的。马来人举办的各
种大大小小的宴会,都讲究男宾女宾分开坐。他们的宴会多采取
自助餐的形式。在自家附近的空地上,搭起两个临时的塑料棚,
里面摆上长桌子陈列饭菜、饮料,周围再放上一排排椅子,让客人
们自取自用。一般外面的塑料棚是男人的地盘,里面一些的那个
棚子则是女人吃饭的地方。就算是夫妻双双赴宴,吃饭时也得分
开坐。除了家里的宴席,一些官方举办的大会、苏丹举办的庆典、
学校举行的毕业典礼等等,主席台上一般也会分男主席台和女主
席台,即男的坐一边,女的坐一边,能并肩坐的夫妻大概只有在场
地位最高的人。据说即将结婚的准夫妻在上婚前教育课时,在教
室里也得分开坐。当马来西亚最大的反对党伊斯兰党执掌吉兰
丹州的政权之后,不仅超市里的收款台分男女、市中心的休息区
分男女,就连电影院里的座位也要分男女。正因为这样,西海岸
的人们普遍认为吉兰丹人特别保守和落后。

图 2　新城市的超市里区分性别的收款台

　　男女在公共场所必须分隔开的规则首先体现了伊斯兰教中
男女有别的观念。他们认为,从生物学上讲,男女是两种不同但

互补的性别,是真主有意创造了这样的差异,并根据差异规定了各自的角色和任务,古兰经上的一段话(妇女章[34])经常被用来当作有力的证据:"男人是维护妇女的,因为真主使他们比她们更优越,又因为他们所费的财产。贤淑的女子是服从的,是借真主的保佑而保守隐微的。"①这段话大概有两层意思:第一,男人在身体上要比女人更加强壮,所以更适合外出谋生,而女人自然也就更适合担任家庭主妇;第二,既然男性是家庭的经济支柱,又要在结婚时交给女人聘金,那么男性就理所当然地成为女性的维护者和家庭的领导人。穆斯林认为,"男主外,女主内"的社会现象是由男女在生物学上的本质不同决定的,那并不意味着不平等,只是在劳动分工上的不同。

与很多非穆斯林的看法正相反,许多马来女性认为伊斯兰教是最讲究男女平等的宗教,因为"从精神上讲,男女是平等的"②。对穆斯林来说,"平等意味着被给予的敬畏真主和升华欲望的机会是一样的,衡量一个人是否高贵的标准就是他在多大程度上使自己的欲望服从于真主。"(Hedaya Hartford,2002[2000]:42)换句话说,对真主越顺从、越虔诚的人就越高贵,不管这个人的性别是什么。仪村的一些妇女甚至认为,伊斯兰教对于妇女是更优待的。"真主规定男性来领导家庭,但这是一种责任,而不是特权。"(Abdul Ghaffar Hasan,1999:10)比如有一个报导人说,虽然料理家务是妻子的天职,但是如果其丈夫有足够的经济实力,就应当雇佣人以减轻妻子的家务负担;虽然教义上说妻子必须服从丈夫,但如果丈夫的意见不正确,妻子可以表示反对,两人应该协商找出最合理、最好的解决办法。她们认为,身为一个穆斯林妇女,

---

① 《古兰经》(中文译解),马坚译,麦地纳:法赫德国王古兰经印制厂,回历1407年,第84页。

② Abdul Ghaffar Hasan, *The Rights and Duties of Women in Islam*. p. 4.

从出生到死亡都有人负责：小时候是父母负责，出嫁后由丈夫负责，丈夫去世后由孩子或兄弟负责；从这个角度上讲，女性甚至要比男性"命好"。

尽管有一些学者指出，吉兰丹妇女相对于其他州乃至其他地区的穆斯林妇女更加独立自主，但事实上，喜欢经商、外出并不是吉兰丹妇女或者中下阶层妇女所特有的。古利克（Gullick）从文献记载中发现，19 世纪末，马来族的贵族妇女也有在家庭之外从事商业活动的自由。例如在 19 世纪 70 年代，有的马来妇女拥有锡矿，有的在拜访亲戚的旅行中进行贸易，有的则竞标征税合同。1878 年，霹雳州最大的两个投资人是妇女。[1] 40 年代，在马来西亚做买卖的基本上都是妇女，"妇女是主要的出售者，也是主要的购买者"[2]。80 年代，兰卡威的妇女普遍不喜欢烹饪、洗衣和清洁等家务活儿，她们更愿意从事农业劳动，或者最好是根本不要工作。上了年纪的妇女宁愿干更辛苦的农活儿，因为她们更喜欢待在外面，有其他妇女的陪伴。她们也花大量时间走亲访友，在更大的社区中扮演角色，特别是看望病人、失去亲人的人，以及参加婚宴。[3] 2004 年，据《南洋商报》报道，马来西亚 2400 万人口中，有 200 万人是直销公司会员，其中 60％ 是女性，而且以家庭主妇居多。[4] 显然，马来西亚的穆斯林妇女不同于中东地区"深藏闺中"的妇女，她们在经济生活中更加活跃，也更加自由。学者加利姆认为，传统习俗（*adat*）造就了马来妇女的独立自主性、流动性、开拓性和名誉感，尤其是马来人实行的传统的双系亲属制很好地抵消了伊斯兰教

---

[1]　J. M. Gullick, *Indigenous Political Systems of Western Malaya*. London: The Athlone Press. 1958. p. 85.

[2]　Rosemary Firth, *Housekeeping among Malay peasants*. p. 116.

[3]　Janet Carsten, *The heat of the hearth: the process of kinship in a Malay fishing community*. Oxford: Clarendon Press. 1997. p. 78.

[4]　"打击网上非法直销"，《南洋商报》2004 年 8 月 17 日。

父系亲属制在性别关系上的负面影响,传统习俗正是伊斯兰教的"均衡器"。① 也就是说,马来社会中男女之间的性别关系之所以比其他伊斯兰教社会和父权制社会更加平等,完全是传统习俗使然。

然而,随着国家的现代化进程,传统习俗的作用正在慢慢被削弱,日益激烈的政党斗争、不断增强的宗教意识形态和国家治理术强化了男性的统治地位,也强化了对女性身体的规训。

图3　在一个"明目张胆"违反伊斯兰党规定而举行的传统巫术治疗仪式中,妇女是主角

三、身体背后的权力之争

虽然伊斯兰教对男性的着装也有严格规定,例如至少要遮盖从肚脐到膝盖;不许暴露大腿和大半臀部;不允许穿半透明的布料和裁剪紧身的衣裤,如紧身的健美裤等……但我们发现,人们却总是更在意穆斯林女性的服饰。正如布迪厄所言,由男性统治

————————

① Karim, Wazir Jahan, *Women and Culture : Between Malay Adat and Islam*. Boulder : Westview Press. 1992. p. 219.

的社会实际上通过服装来控制着女性的身体，从而控制着这个社会。如何对女性的服饰和身体进行规范可以揭示出不同社会和文化中的性别观念与权力关系。

（一）伊斯兰教与资本主义

伊斯兰教文化中男尊女卑、男主外女主内的思想和现实对马来社会有着深刻影响，尤其是兴起于 20 世纪七、八十年代的马来西亚伊斯兰教复兴运动，更是大大加强了社会中的男权意识。伊斯兰党执政吉兰丹州之后，出台了一系列带有原教旨主义色彩的政策，规定穆斯林女性在公共场所必须包头，衣着得体；不符合穆斯林着装要求的广告不得张贴发布；超市里的收款台、电影院都必须男女分开等。这实际上就是通过原教旨主义的做法来加强对妇女的身体的控制。除了身体上的控制，越来越多的阿拉伯语学校、宗教刊物、宗教节目也从思想上强化了人们的男权意识。

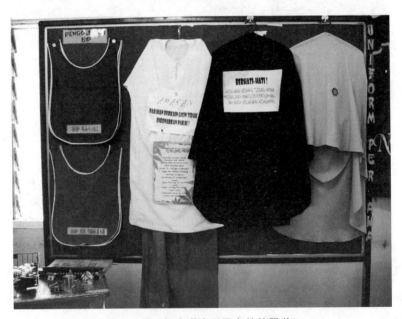

图 4   用以标志学生不同身份的服装。
其中黑色长袍是给犯了错误的学生穿的

　　在吉兰丹,有不少由个人、集体或州政府出资兴办的阿拉伯语小学和中学,在这些学校里,学生们既学习阿拉伯语和伊斯兰教,也学习世俗学校里的基本课程,以便参加全国统一的升学考试;但最重要的是,这些学校都标榜自己严格按照伊斯兰教教义管理学生。例如他们一般都采用男女分校制或男女分班制,女生在学校里不得化妆、佩戴首饰、不得将与学习无关的书籍杂志等带进学校。在一个私立的阿语学校里,所有女生在公开场合都穿着黑色长袍、戴黑色面纱,全身裹得只剩一双眼睛;男生和女生之间可以进行必要的交谈,但不得私下见面或聊天。从这些阿语学校毕业的学生,大多数都选择了到中东地区,如沙特、埃及、伊朗和巴基斯坦等地深造。与宗教学校相反的是,由马来西亚政府设立的层级制的世俗教育体系,最终引导学生所走的方向却是首都、大城市、英联邦国家,或者是取决于国家需要的地方:如在"向东看"政策影响下,许多学生被送到日本去留学。

　　在现代社会,妇女能否从传统的家庭私人领域进入社会公共领域是一件关乎国家社会发展的大事,因为现代化要求打破传统的性别分隔,以便在生产过程中使用妇女。然而,现代民族国家出于发展生产需要的"情欲解放运动"①却往往不能一帆风顺。当马来西亚政府鼓励大量的未婚女性进入资本主义工厂工作时,一方面使这些女性脱离了父母、亲属和甘榜②对她们的行动的束缚,获得更大的主体性,另一方面也使得女性与男性、家庭与公共领域、穆斯林与非穆斯林,以及族群之间的社会界线变得模糊,这既极大地威胁了传统马来社会中男性对女性身体的绝对控制权,也使得马来文化本身的身份认同产生了危机。妇女外出工作不仅

---

　　①　何春蕤:《情欲解放运动的历史分析》,《社会性别》第 2 辑,杜芳琴、王政主编,天津:天津人民出版社,2004 年,第 167—177 页。

　　②　甘榜,马来语 kampong,指村落。

侵入了男性的乌玛(Umma)世界,而且成了男性在工作上的竞争者。因此,现代化打破了男女相互作用的传统模式,从而造成对伊斯兰教社会结构的破坏,也直接打击了穆斯林意识形态与穆斯林现实之间传统的内在一致性。[①]

　　性别是组成以性别差异为基础的社会关系的成分,也是区分权力关系的基本方式。王爱华认为,在马来西亚独立以后,经济发展与伊斯兰教复兴的双重压力已经破坏了强调双系亲属制的传统习俗,对伊斯兰教教义的强化同时也提高了男性对国内资源的控制权。她指出,尽管对经济发展问题的看法不同,伊斯兰教复兴主义者和世俗国家却都利用妇女的地位来调和变化中的男女性别、私人与公共、家庭与身体政治之间的关系。而资本主义国家与伊斯兰共同体——乌玛斗争的结果就是激化了马来社会中的性别不平等。[②] 与王爱华的悲观态度有所不同,加利姆认为,传统习俗和伊斯兰教是马来文化最重要的两个组成部分。当前,传统习俗和伊斯兰教都面临着西方化,人们的性别选择由此产生了分裂:男性支持原教旨主义以抗拒西方化,而女性则支持传统习俗或西方化,因为她们可以从中获得更广泛的自治和自我表达的实际价值。但她认为,马来社会并不是原教旨主义的,而是文化主义的,马来妇女能够利用传统习俗来保障自己的地位和权利。[③]

(二)政党之争

　　在现代化与传统伊斯兰教社会结构所带来的冲突面前,宣称

---

　　① Mernissi,Fatima. *Beyond the Veil:Male-female dynamics in a modern Muslim society*. Cambridge:Schenkman Publishing Company,Inc. 1975. p. 41.

　　② Aihwa Ong,1990. State versus Islam:Malay Families,Women's Bodies,and the Body Politic in Malaysia. In *American Ethnologist*, Vol. 17,Issue 2,258—276.

　　③ Karim,Wazir Jahan, 1992. *Women and Culture:Between Malay Adat and Islam*. Boulder:Westview Press.

代表马来族群利益的两大政党——巫统和伊斯兰党——做出的反应看似不同,实则都强化了对女性的规训。伊斯兰党主席哈迪阿旺说,伊斯兰党的建国方针,是将伊斯兰教的古兰经奉为最高的法律单位,政府只是伊斯兰教的一部分;巫统却把伊斯兰教视为政府的一部分,与该党的伊斯兰国斗争理念有所不同。[1] 然而,为了争取马来群体的支持,双方都不遗余力地借助伊斯兰教意识形态来标榜自己,穆斯林女性的着装规范问题也往往成为争论的焦点。

1990 年,伊斯兰党在吉兰丹赢得州选举之后,立刻和合作伙伴——46 精神党——对穆斯林和非穆斯林颁布着装法令,规定所有的穆斯林妇女在公开场合必须遮盖羞体,打扮得体;广告牌上的女性如果不符合伊斯兰教的要求[2]就必须撤换……此条令一出,广告商要么让广告牌、海报上的女性消失,要么用油漆或布条将其头发遮住,要么就得重新制作女模特包着头巾的广告专门供应吉兰丹州。1999年登嘉楼州也落入伊斯兰党的控制,他们同样实行了这样的规定。有意思的是,当 2004 年伊斯兰党丢掉了登嘉楼州的执政权后,立刻就出了一个“瓜拉登嘉楼头巾事件”。据 2004 年 11 月 24 日马来西亚《南洋商报》报道,整个登嘉楼州已经不再禁止没有戴头巾的广告,但州首府瓜拉登嘉楼市议会却一意孤行,仍要求一家电讯公司重新印制没有女模特的新版本广告。这家公司不得已之下用纸将广告中的女模特的头发遮去,才拿到了广告许可证,谁知该公司也因此被那名女模特投诉[3]。该报道发表之后的第二天,瓜拉登嘉楼市议会立刻澄清指责,表示现今国阵已重夺回登嘉楼州政府,禁令已不复存在,之所以会出现这

---

① 《哈迪:对建国斗争理念回教党与巫统各有诠释》,《星洲日报》2004 年 3 月 18 日。

② 暴露羞体或有不得体行为,如男女的肢体接触。

③ 徐联耀:《丁州不再禁止没戴头巾广告,瓜丁市会仍一意孤行》,《南洋商报》2004 年 11 月 24 日。

注:丁州即指登嘉楼州,瓜丁市即指瓜拉登嘉楼书。

类特别的广告布条,完全是有关商家和官员不了解或自以为是而引起的误会①。

从表面上看,伊斯兰党和国阵只是在分别运用自己的权力阐释自己对宗教的理解,但毫无疑问的是,通过这样一条很简单的着装规范的变化,人们就可以最迅速直接地从平常生活中体会到政党的更替。

类似伊斯兰党的决定巫统也没少做。早在 1984 年,马哈蒂尔当局就宣布其政策是"政府机构伊斯兰化"。1988 年,政府控制的马来西亚广播电视(RTM)电台宣布,只有关于伊斯兰教的内容才能获准在电台和电视台节目的开头(air time)播放。新闻部(the Information Ministry)声明,所有马来西亚人都应该理解伊斯兰教是官方宗教,非穆斯林应该接受其超越其他宗教的重要性和统治地位。1991 年,穆斯林公务员要想申请政府职务都必须掌握相当的伊斯兰教知识,包括对古兰经的背诵。同年,政府第一次强行限制一部很多人期待的马来电影"*Fantasia*"(幻想曲)上映,并说明这部电影只有删除某些非伊斯兰教画面后才能解禁。②除此之外,巫统还更加强调伊斯兰教的装束和价值观,更多地使用宗教语言和标志,在全国各地大兴土木,修建大大小小的清真寺和宗教学校,成立伊斯兰教性质的金融和社会组织,积极参与国际伊斯兰教组织的活动③,建立国际伊斯兰教大学和伊斯兰教研究机构,举办国际性的诵读古兰经大赛和伊斯兰教学术会议等等。

---

①　徐联耀:《没禁止没盖头巾女性广告,瓜丁市会澄清指责》,《南洋商报》2004年 11 月 25 日。

②　Hussin Mutalib, *Islam in Malaysia : from revivalism to Islamic state*? Singapore : Singapore University Press. 1993.

③　马来西亚政府的目标是要在伊斯兰世界取得领导和模范地位,它是现任的伊斯兰会议组织和不结盟运动的主席国。

由上可见,尽管巫统与伊斯兰党两党对国家发展的理念可能有所不同,对伊斯兰的诠释也不同,但在试图控制女性身体、干预人民的日常生活方面却基本相似,他们对各自在伊斯兰话语体系中的合法性的争夺导致了马来人日常生活的全面伊斯兰化。伊斯兰化的结果在马来社会内部损害了性别平等,在外部则促进了非伊斯兰宗教的联盟和团结,从而使全国人民日益分裂为穆斯林和非穆斯林两大阵营。①

(三)族群之争

在马来西亚,马来族群和伊斯兰教的优先地位都是不容置疑和讨论的。然而,每当有伊斯兰化的政策出台时,总会引发华人群体的极大关切。有些政策规定虽然只是针对穆斯林群体,但长期生活在同一天空下的其他社群也难免被波及。

2017 年 8 月 7 日,在吉兰丹首府新城市的一家酒店里举行了一场"2017 年吉兰丹慈善音乐会",目的是为吉兰丹州的三所微型华文小学筹款。然而在活动举行到一半时,新城市市议会的执法人员试图中止活动,理由之一是该活动没有事先申请娱乐准证。根据 1998 年吉兰丹州娱乐管制法令里的条例,任何在公共场合进行的商业活动(售票)或演出,都必须向新城市议会申请娱乐准证并缴付娱乐税。后来经过协商,执法组给活动主办方开出了三张罚单,并提出口头警告,不允许有男女同台演出。新城市议会公关主任阿兹曼事后在接受报社采访时表示,根据 1998 年吉兰丹州娱乐管制法令的条例,任何形式的舞台演出都不允许女人参演。违者要面对 1000—5000 令吉不等的罚款。所谓娱乐性质的活动,包

---

① Ackerman, Susan E. & Raymond Lee. *Heaven in Transition: Non-Muslim Religious Innovation and Ethnic Identity in Malaysia*, Kuala Lumpur: Forum Enterprise. 1990.

括唱歌、舞蹈、魔术、音乐演奏、杂技、马来武术和马来说唱等。①

此事经媒体报道后,在华人社群里掀起了不小的波澜。意见分歧主要集中在:这种为学校筹款的慈善音乐会算不算商业活动? 华人社群的演出活动是否应遵循带有伊斯兰色彩的娱乐管制法令? 笔者认为,这一新闻事件里除了族群之间的冲突之外,还涉及中央与地方的矛盾,因为为这次活动主持开幕式的有当时的教育部副部长拿督张盛闻:一个有中央部门领导参与的活动竟然遭到了地方机构的处罚。

四、小 结

通过以上描述与简单分析,笔者已经揭示了马来社会中性别关系的几个特点:首先是认为男女有别,并由此引申出"男主外、女主内"的社会观念;其次,相较中东地区的伊斯兰社会,马来妇女在家庭和社会中的地位较高、经济上较为独立自主、有较大的自治权。尽管伊斯兰教在理论上也提倡男女平等,但马来社会中男女相对平等的这一特点并非伊斯兰教化带来的结果,而是传统习俗长期影响的结果。随着民族国家治理术的发展、现代化进程的加快和宗教原教旨主义的反扑,男权统治对女性身体的规训正在逐渐加强,而传统习俗的抵消作用却被一步步削弱。正如布尔迪厄所言,在一个男性占统治地位的社会里,男性对女性的统治通过一种不间断的规训扩大开来,这种规训关系到身体的所有部位,并且不断地通过对衣服或头发的限制得到强调和实行。"因此,男性身份和女性身份的对抗原则以举止行为的永久方式固定下来,这些永久方式类似一种伦理学的实现,或更确切地说,一种伦理学的自然化。"②

---

① 《丹微小筹款晚会遭罚》《丹禁女性舞台演出》,《星洲日报》2017 年 8 月 7 日。
② 〔法〕布尔迪厄,皮埃尔(Bourdieu,Pierre):《男性统治》,刘晖译,深圳:海天出版社,2002 年,第 34 页。

　　不过,笔者也认为,套用西方女性主义观点和后现代主义学说来批判马来社会的男权统治,或者用世界上其他穆斯林社会的历史与现实来裁剪马来社会,都是过于简单化的,也是不妥的。人的存在即是身体的存在,而身体不能被降格为肉体,作为个体生命最为切近和最为丰富的意义表达,有关马来女性的身体观念的研究还有待深入。

作者简介:康敏,北京外国语大学亚洲学院副教授。

二、社会的联接

从印度出发理解印度"民族问题":官方范畴与制度框架的历史形成

吴晓黎

在国内民族学界,印度的民族问题是一个引起关注[①]但总体来说研究不足的领域,这种不足既体现在对经验事实的认知上,又体现在研究框架上。

作为出发点,国内学者通常参照中国民族识别的理论依据——斯大林的民族四要素尤其是共同语言标准来对印度人口进行民族划分。比较早对印度人民进行整体性民族划分的是 1991 年出版的《印度社会述论》一书,该书提出印度有 11 个主要民族,占人口的82%,此外还有大量部族。[②] 这里列举的 11 个主要民族包括印度斯坦族、泰卢固族、锡克族等,除了锡克族以宗教命名,其他都是

① 在所谓第二代民族政策的争议中,第二代民族政策的提出者把印度不搞民族识别、建构统一的"印度民族"的举措视为值得借鉴的国际经验之一,郝时远和沙伯力都对这一论点从事实层面进行了批驳。见郝时远:《印度构建国家民族的"经验"不值得中国学习——续评"第二代民族政策"的"国际经验教训"说》,《中南民族大学学报》(人文社会科学版),2012 年第 6 期;沙伯力:《中国民族政策能否采用美国/印度模式?》,林紫薇、张俊一译,张海洋校译,《中央民族大学学报》(哲学社会科学版),2014 年第 4 期。

② 林良光:《印度民族的种族起源与构成》,陈峰君主编:《印度社会述论》,中国社会科学出版社,1991 年,第 185—199 页。

以语言命名的。这一划分为后来者所沿用。例如 2003 年的列国志丛书《印度》一书，只是将主要民族增加到了 13 个，增补了拉贾斯坦族和比哈尔族，并将锡克族改为旁遮普族①——也就是统一以语言划分民族。

首先，以语言作为民族划分的标准，需要先确定语言的独立身份，有时候这本身就是一件有争议的事——看看这里印度斯坦语、拉贾斯坦语和比哈尔语的例子。印度斯坦语（Hindustani）有两种书写形式，使用波斯-阿拉伯字母的乌尔都语（Urdu）和使用天城体字母的印地语（Hindi）。当北印的穆斯林和印度教徒在印度反殖自由运动后期渐行渐远的时候，乌尔都语被塑造为穆斯林的身份标志之一，而印地语则成为印度教徒的语言。印巴分治之后，北印的民族主义者试图纯化印地语：清除被视为穆斯林的语言的乌尔都语影响，更多使用梵语词汇。无论如何，在独立后的印度，印地语和乌尔都语各自拥有国家层面确认的独立语言身份，印度斯坦语这一旧称则不是官方认可的语言范畴。另外，语言都包含了方言，而拉贾斯坦语（Rajastani）和比哈尔语（Bihari）在印度国家层面，就被视为是印地语的地区方言。这两个邦都属于俗称的"印地语地带"（Hindi belt）的一部分，官方语言都是标准印地语。但是在拉贾斯坦邦，让国家承认拉贾斯坦语为独立语言的呼声很高。而比哈尔是另外一种情况：比哈尔语的多种地区方言（拉贾斯坦语同样包含了多种地区方言）中，有方言已经获得了独立语言地位，被纳入了印度宪法所附第八表的"印度诸语言"之中，②还有不少方言正在争取这一地位。因此，是否是独立语言，不仅仅是一个语言学的问题，也是一个认同政治的问题。从

---

① 孙士海、葛维钧主编：《印度》，社会科学文献出版社，2003 年，第 34—40 页。

② 获得独立语言地位的是迈提利（Maithili）语，见 Government of India，"The Constitution（Ninety-second Amendment）Act 2003"，7th January，2004，https://www.india. gov. in/my-government/constitution-india/amendments/constitution-india-ninety-second-amendment-act-2003. 2018 年 10 月 3 日访问。

语言的角度,可以作为参考的是被列入印度宪法第八表的那些地区语言(排除梵语这样因为历史意义而被纳入第八表的语言)和正在争取进入第八表的语言(见下文),它们代表了印度突出的语言身份,包括语言人口数量上的分量。

其次,"民族"(nationalities)作为一个复合概念包含了多重元素,语言并非任何时候都是其首要标志。这突出地反映在巴基斯坦的分离上:如果北部印度说印度斯坦语的印度教徒和穆斯林的政治精英自认为同属一个民族,恐怕也不会有印巴分治了。[①] 孟加拉地区倒确实有更强的孟加拉语言文化身份认同,在分治方案中也曾有过保留统一的孟加拉的构想。与此同时,也有说不同语言的群体成功建构起一个共同的民族身份的例子,例如印度东北部的那伽人(Naga)。[②] 这里的关键在于,我们不能不考虑群体动员对于民族意识的塑造。一个群体的客观文化标志物是多重的,是群体动员选择并赋予了客观文化标志以主观和象征意义。成功与否,则又是另一回事。

还有一个存在问题的理论取向,是把民族作为一个目的论概念,认为印度的"民族发育程度和成熟程度较低",但将来会发展得更充足。[③] 这种目的论来源于苏维埃学派,即认为民族必然经历特定的历史形成过程和发展阶段。苏联学者对于印度民族问题也提出过看法,认为前民族的族群——这里族群是具有真实或神话的共同起源的群体——意识,在客观因素如共同语言、共同地域、共同经济纽带以及社会生产中的相似角色的作用下,会朝

---

① 参见 Paul R. Brass 对南亚穆斯林中不同精英群体界定和塑造不同的穆斯林身份的梳理分析:Paul R. Brass, *Ethnicity and Nationalism: Theory and Comparison*, New Delhi: Sage Publications, 1991, pp. 77—102.

② 那伽人分属十几个部落,说不同语言。参见 Udayon Misra, "The Naga National Question", *Economic and Political Weekly*, Vol. 13, No. 14, 1978, pp. 618—624。

③ 熊坤新、严庆:《印度民族问题与民族整合的厘定》,《西北民族研究》,2008 年第 2 期。

向民族意识发展。在这个历史过程中,语言被视为凝聚民族意识的首要因素,而种姓和宗教则是妨碍性的力量。[1] 目的论的问题,是强使现实适应理论,也因此无法解释现实。比如说,这样的理论取向就无法解释为什么说泰卢固语的"泰卢固民族"在建立了统一的安得拉邦之后,还会有地区性的分立新邦运动。

综上,本文强调从印度出发理解印度,才有可能真切把握她的现实脉动。在我们关心的议题上,这意味着首先跳出斯大林的民族概念和理论话语的限定,把印度有多少个民族,有怎样的民族政策、民族问题这样的问法转换一下,去问它们的上一级问题——这就是印度和中国这样具有悠久历史的多文化、多族群的文明社会,在向现代国家转型的过程中都面对的如何对待内部文化多样性的问题。这关系到整体的国家建构和政治秩序。在中国,这一问题凝聚为以"民族"为中心的概念建构和制度、政策实践,而印度有她自己问题化的方式,有自己处理这些问题的理念和制度。在对印度的文化多样性问题和制度实践进行评估之前,首先需要理解涉及多样性的官方范畴(亦即国家通过法律、政策正式确立的范畴)和基本制度的历史形成。这正是本文要做的。而追问这个问题我们要回到印度的国家建构过程。

一、印度反殖民运动中的多重民族主义构想

印度共和国 1950 年宪法的开头,"India, that is Bharat, ……"("印度,亦即婆罗多"),是富有意味的:India 作为地理名词,源于印度河的梵文名称,是一个外部人——从波斯人、阿拉伯人[2]到英

---

[1]　Boris I. Kluyev, *India: National and Language Problem*. New Delhi: Sterling 1981, pp. 284—333. 这是印度人翻译的苏联学者著作。

[2]　参见 Romila Thapar, *The Penguin History of Early India: From the Origins to AD 1300*, New Delhi: Penguin Books India, 2003, p. 38.

国人——的指称，其空间范围在历史中经历了从窄到宽扩展到整个次大陆的过程；Bharat，代表的是印度本土的历史性地域身份，这个词是 Bharatavarsha（婆罗多之地）的现代化形式，源自古代神话传说中征服了整个印度次大陆的帝王婆罗多，其神话性的地域范围也经历了扩展的过程，最大时包含了雪山（喜马拉雅山）之南、海洋之北的次大陆地域整体。① 地域意义上的印度自成一个独特的文明区域，但在历史中并没有产生一个延续的国家意识。政治意义上的"印度"的观念的产生是一件相当晚近的事，其中英国殖民提供的管理上的统一是一个前提。印度民族主义产生于 19 世纪中期，演化至今，是一个复杂、不稳定、内在多元的观念域。②

　　19 世纪中期，当接受西方理性主义话语的印度本土精英开始质疑英国殖民统治的合法性，形成了某种反殖民的共同意识的时候，他们想象中所代表的集体行动的主体，远不是自明、清晰和确定的。孟加拉语现代文学的先驱班吉姆（Bankim Chandra Chattopadhyay，1838—1894 年）是这种早期探索的一个代表。他最初把反抗英帝国主义的主体确立为"孟加拉迦提"（Bengali jati），他们以接受现代教育的新中产阶级为其自然领导者。当他对这一阶层失望之后，转而把希望放在他认为更广大更有力的"印度教徒迦提"（Hindu jati）身上，最后才转向"婆罗多迦提"（Bharatiya jati）。③ 在班吉姆那里，这三种集体主体并不冲突。对于这样的集体，他没有使用"nation"这样的外来概念，而是用了印度本土语

---

　　① 参见 Romila Thapar，*The Penguin History of Early India：From the Origins to AD 1300*，2003，pp. 38—39。

　　② 帕塔·查特吉和苏迪普塔·卡维拉吉可以说是关于印度民族主义的两位最重要的研究者，参见两位的相关著作：〔印〕帕尔塔·查特吉著，范慕尤、杨曦译：《民族主义思想与殖民地世界：一种衍生的话语?》，译林出版社 2007 年版；Sudipta Kaviraj，*The Imaginary Institution of India*，New Delhi：Permanent Black，2012.

　　③ Sudipta Kaviraj，"On the Structure of Nationalist Discourse"，in Sudipta Kaviraj，*The Imaginary Institution of India*，New Delhi：Permanent Black，2012，p. 107.

言中指种姓①但也可以在更宽泛的"种、类"意义上使用的"迦提"。这也是后来的研究者认为有趣和有意味的点。② 从本文的关注来说，这里"迦提"所指称的集体的异质性和跨越性，间接提示了一种概念的困窘：西欧的民族主义和文化同质的民族-国家带来的nation 概念，并不适应印度状况。

　　说孟加拉语的孟加拉人、印度教徒和印度人这三种身份，代表了地区-语言民族主义、印度教民族主义和最广泛的文明地域性的印度民族主义三种可能性。地区-语言民族主义更贴近西欧民族主义的原型，后者以语言文化共同体为政治共同体的单位。在印度的反殖民运动中，一些地区-语言民族意识确实同时增长，但就像在班吉姆那里印度人包容了孟加拉人一样，它并不必然排斥大的印度共同体。印度教民族主义把印度本土宗教作为印度政治共同体的基础，并在 1920 年代形成了以 Hindu Rashtra（印度教徒民族）为号召的组织化力量；相应地，印度的穆斯林构成了一个单独的民族而区别于印度教民族的"两个民族"理论（two-nation theory）在穆斯林政治精英中也获得了支持。文明地域性民族主义，则把印度统一的基础放在一个宽泛的地域-文明共同体和复合的文化（composite culture）之上。这样的"印度民族"，如同"中华民族"一样，超越了西欧的文化同质的民族-国家（nation-state）的民族（nation）。对于这样的状况，那一时代没有提供合适的规范性概念。梁启超曾用"大民族"。③ 当这样的"大民族"建立了

---

　　① 关于中文的"种姓"对应于印度本土语言中的 jati、varna 和西方语言中的 caste 的情况，参见笔者文章，吴晓黎：《如何认识印度"种姓社会"——概念、结构与历史过程》，《开放时代》，2017 年第 5 期。

　　② Sudipta Kaviraj，"On the Structure of Nationalist Discourse"，p. 107；Partha Chatterjee，*The Nation and Its Fragments：Colonial and Postcolonial Histories*，Princeton：Princeton University Press，1993，pp. 221—223.

　　③ 梁启超：《政治学大家伯伦知理之学说》，《饮冰室合集》文集之十三，中华书局1989 年版，第 76 页。转引自郝时远：《中文"民族"一词源流考辨》，《民族研究》2004 年第 6 期。

国家之后,当下的一种概念化尝试是"国族"(state-nation)——它代表的不仅是一国之内语言、文化、族群多元的客观状况,还有对于多元的制度保障。[1] 本文也将在这个意义上使用"国族"。

面对初生的印度民族主义,英国殖民管理者申明了他们的观点:印度人是各种社会文化群体的大杂烩,而不是一个具有内在凝聚力的民族(nation)。熟悉印度政治和历史的约翰·斯特拉奇爵士(Sir John Strachey)1888 年的这段话是典型的表达:"认识印度,首要的和最本质的一件事是——现在没有、过去也从不曾有过一个印度……拥有任何欧洲观念上的统一,无论是体质的、政治的、社会的还是宗教的;不存在民族(nation),不存在我们时常听到的'印度人民'。"[2]印度人不是一个民族,这在印度民族主义者听来,无疑是为英国对印度的殖民统治提供合法性。印度现代国家的最重要缔造者之一尼赫鲁 1940 年代在英国人监狱中写就的《印度的发现》(Discovery of India)[3]一书,可以说是对英国人这一论断的长篇驳斥。在外部显而易见的多样性之下,他发现了印度人在生活方式和生活态度,或者说心态和道德上的共同基底。他将古代印度类比于古代中国,二者都是"一个自成一体的世界,一个具化为所有事物的文化与文明"。[4] 这个文化与文明善于吸收外来影响,内部的离心力被不时产生的综合的尝试所中和。也因此,统一不是外来强加的。实际上,他将趋向统一讲述

---

[1]　Alfred Stepan, Juan J. Linz, Yogendra Yadav, *Crafting State-Nations: India and other Multinational Democracies*, Baltimore: The Johns Hopkins University Press, 2011.

[2]　转引自 Ainslie Embree, *India's Search for National Identity*, New Delhi: Chanakya Publications, 1980, p. 17; Sunil Khilnani, *The Idea of India*, New Delhi: Penguin Books, 2012, p. 154。

[3]　Jawaharlal Nehru, *Discovery of India*, Delhi: Oxford University Press, 1985; 中译本见〔印〕尼赫鲁著,齐文译:《印度的发现》,世界知识出版社,1956 年版。

[4]　Jawaharlal Nehru, *Discovery of India*, p. 62.

为印度文明在历史的起伏中时隐时现但从未断绝的冲动,而通向统一的方式是多种文化在印度地域空间中不断发生的混和,多元文化的承载者由于这些共享的历史而结成命运共同体,并将在未来的民族国家创造的发展条件下实现自己的全部潜能。《印度的发现》为印度民族主义运动提供了一个极具影响力的国族叙述和一种信念。"unity in diversity"①("多样性的统一"),尼赫鲁后来的这一简洁表述成为独立印度关于国族最流行的口号。

在甘地和尼赫鲁的主导下,国大党所领导的反殖民族主义运动力图使一个包容性的、建立在地域-文明基础上的国族建构成为主流。如果说地区-语言民族主义相当成功地被包容在这一国族建构中,这不是故事的全部。当英国人退出印度的时候,地域与文明-文化意义上的印度并没有成为一个统一的国家,西北部和东北部印度的穆斯林建立的巴基斯坦与一个被分割后的印度同日诞生。这至少可以理解为那个广泛的包容性的印度民族主义在政治上的部分失败。对于巴基斯坦的国父真纳来说,这其实也是部分的失败,因为他的两个民族理论的目标本不是两个国家,他追求的是在同一个印度国家之下巴基斯坦和印度斯坦的某种邦联形式,以及穆斯林的政党穆斯林联盟与国大党在国家层面分享权力和保持平衡。但这种邦联形式和弱中央的图景,超出了国大党愿意做出的妥协:后者要以国家之力进行现代化和社会改革,这意味着需要一个权力集中的中央政府。②

国大党领导印度民族主义运动的历史,限定了 nation 这一概

---

① 尼赫鲁在 1952 年国大党大会上的发言标题。https://www. inc. in/en/media/speech/unity-in-diversity,2018 年 10 月 8 日访问。

② 关于巴基斯坦的创立和真纳及穆斯林联盟的立场,参见 Ayesha Jalal 的杰作: Ayesha Jalal, *The Sole Spokesmen:Jinna, Muslim League and the Demand for Pakistan*,Cambridge:Cambridge University Press,1994;关于尼赫鲁的国家构想,参见〔印〕帕尔塔·查特吉著,范慕尤、杨曦译:《民族主义思想与殖民地世界:一种衍生的话语?》,第五章,译林出版社 2007 年版。

念的引进和使用:它的主流用法,是面对外来殖民者的共同体"印度民族"(Indian nation)。1920 年代之后,已经很少有地区-语言社群使用 nation 的概念。印度教民族主义被边缘化,而他们更愿意使用本土语言来指称"印度教徒民族"(Hindu Rashtra)。北印穆斯林政治精英主张的穆斯林和印度教徒构成"两个民族"的理论,是不被国大党接受的。只有对苏联民族理论有了解的少数马克思主义取向的学者,使用 nation 和 nationality 两个相区别的概念。马克思主义社会学家 A. R. 德赛(A. R. Desai,1915—1994年),用 nationality consciousness 指称地区-语言民族的民族意识,认为其民族精英动员人民,是为了提高其社会经济状况。而 nation 一词,仍是保留给反殖民的主体 Indian nation 的。① 涉及独立之后的印度,基本上,"民族问题"(nationality question,national question)一语只有在论述印度东北部的政治分离运动时使用。②

二、印度独立后与语言相关的制度与范畴

1. 基于地区-文化单位的联邦结构:语言邦的确立

印度反殖民族主义运动中,地区-语言民族主义之所以能被成功包容到最广泛的地域-文明基础上的"印度民族"这一国族建构中来,其中一个重要原因是国大党对于语言邦的允诺。英国治下,印度的行政区域并不考虑语言文化边界,各省都包含着多语言多文化的地区。这种做法被印度民族主义者视为武断的划分,

---

① A. R. Desai,*Social Background of Indian Nationalism*,5th edition,Bombay:Popular Prakashan,1981[1948],pp. 389—390.

② 例如 Udayon Misra,"The Naga National Question",*Economic and Political Weekly*,Vol. 13,No. 14,1978,pp. 618—624;Editorial,"The Assam Nationality Question",*Economic and Political Weekly*,vol. 46,No. 9,2011,pp. 7—8。

是分而治之的殖民政策的一部分。国大党在 1920 年就按照语言边界重组了自己的分支机构。随后,国大党开始规划未来独立国家的宪法。莫提拉尔·尼赫鲁(Motilal Nehru,后来的总理贾瓦哈拉尔·尼赫鲁的父亲)领导下的一个委员会在 1928 年提交的尼赫鲁报告,是 1950 年印度宪法的先声,这份报告就确认了以语言为基础重组省的边界的原则。①

　　然而,建国之初,按照语言边界重组各邦虽然也一直是国大党内的呼声,尼赫鲁却犹豫了——他用这样的话形容建国之时在语言邦委员会(Linguistic Provinces Committee)中的经历:"面对印度千百年来为了狭隘忠诚、琐碎嫉妒和无知成见而殊死冲突的事实,我们不禁为知道自己一直在多么薄的冰面上滑行而感到后怕。国内一些最有能力的人跳到我面前,信心十足而且近乎断然地说语言在这个国家里代表文化、种族、历史、个性,甚至最终代表亚国族(sub-nation)。"②从尼赫鲁的角度看,宗教民族主义和印巴分治带来的伤痛尚未消散,语言又成为刺激的问题,语言民族在竞争着人们的忠诚,而他构想的作为文明-文化统一体的国族——"印度民族"——缺乏自然的标志和黏合剂,在语言民族的主张面前深受威胁。他对于语言"甚至代表了亚国族"的又惊又恼的评论,表明了他想象的那个文化混合的国族中,"文化"原本是去政治化的,这与他的自由主义理念一脉相承。他把语言群体的主张视为"印度千百年来为了狭隘忠诚、琐碎嫉妒和无知成见而殊死冲突"的延续,似乎把语言民族与印度国族的竞争视为前

---

①　The Committee Appointed by the All Parties Conference 1928,*The Nehru Report: An Anti-Separatist Manifesto*,New Delhi:Michiko and Panjathan,1975. https://archive.org/details/in. ernet. dli. 2015. 212381. 2018 年 10 月 23 日访问。

②　转引自〔美〕克利福德·格尔茨:《整合式革命:新兴国家里的原生情感与公民政治》,〔美〕克利福德·格尔茨著,纳日碧力戈等译:《文化的解释》,上海人民出版社1999 年版,第 291—292 页。

现代忠诚与现代团结的竞争。然而,语言身份虽然在前殖民社会早已存在,但将语言-文化边界与政治-管理边界统一的主张,却完全是新颖的,产生于同一个民族主义运动潮流。直到20世纪20年代,印度独立运动中的不少领导人都认为印度包含了多个民族(nations),这些民族主要围绕语言而划分,构想以此为边界建立独立国家的虽不是主流,也不是没有,例如泰米尔地区高扬达罗毗荼身份的民族主义者。

　　地区-语言民族主义更多是针对内部其他语言群体的。其中,由于殖民时期地区经济和英语教育的不平衡发展,某些地区-语言性群体——突出的是孟加拉人和泰米尔人——在现代部门的雇佣中具有优势地位,导致邻近地区的非优势群体以语言身份为号召争取群体权利,这是后来语言邦运动的源头,亦即处于不利地位的群体为自己的语言、文化和经济、社会发展争取应得的地位。[①] 因此,建立语言邦不仅是地方政治领导人的要求,在地方受教育的中产阶级中也具有广泛的民意基础,由此发展成20世纪五、六十年代的语言邦运动。当一位重要的国大党领导人为了建立说泰卢固语的安得拉邦而绝食致死的时候,尼赫鲁终于妥协,不再拖延重组邦界的问题。印度的邦基本按照语言边界重组。印地语之外的大的语言社群都获得了邦一级的自治权,以自己的语言作为治理邦内事务的语言。

　　另一方面,如同尼赫鲁的用词"亚国族"(sub-nation)提示的,即便语言邦建立,一邦的主体语言群体并没有成为确定的官方范畴,公共领域通用的说法是描述性的"语言社群"(linguistic community)。这背后,无疑有尼赫鲁式的强化"印度民族"、淡化语言

---

① Sucha Singh Gill, "Class, Ethnicity and Autonomy Movements in India", in Manoranjan Mohanty and Partha Nath Mukherji(eds.) *People's Rights: Social movements and the State in the Third World*, New Delhi: Sage Publications, 1998, pp. 131—133.

民族的政治考虑。成为官方范畴的，是各邦自己立法决定的"官方语言"(official languages)，以及其他的语言范畴。语言毫无疑问是一个文化范畴，但如下一节所述，这没有妨碍它成为印度政治领域的重要议题。

　　最终得到国家制度确认的语言边界原则从很大程度上消除了邦作为印度次级政治－管理单位内部的语言－族群紧张。在一个强中央、但赋予了邦确实的权力的联邦制下，地区-语言社群与国家的管理、政治关系在地方与联邦中央的框架之内得到有序处理，文化自主性得到了制度性保证。但这不意味着二者张力的完全消除，只不过，如今被称为"地区主义"(regionalism)的冲动通常不会威胁到国家的统一。

　　与此同时，影响语言邦原则和邦级行政单位的稳定的，是如下的事实：按语言边界重组之后的邦，仍然是一个具有内部文化多样性的行政单位。仅就语言而言，在印度，被百万以上人口作为母语使用的语言数量就有 30 多种，被万人以上作为母语使用的有 120 多种；由于"语言"和"方言"定义的不同，目前统计中印度总的语言数量在 300 多到 700 多之间。[①] 语言文化之外，还有历史经验的差异。如果说印度的多样性像一幅马赛克拼图，邦的大马赛克里还套着小的马赛克。因此可以说邦也面临着亚国族建设的任务，需要进行社会文化和情感整合。在这种整合失败、文化和社会发展差异具有地域基础的地方，就存在着新的自治要求。

---

　　① 2001 年和 2011 年印度人口普查数据中有作为母语使用者百万和万人以上的语言的统计数据，见印度内务部的人口普查官方网站：http://www.censusindia.gov.in. 包含了使用者万人以下的语言统计数据：人类学调查局统计了 325 种，见 K. S. Singh, S. Manoharan, *People of India : Languages and Scripts*, Delhi : Oxford University Press, 1993, p. 11；独立调查机构"印度人民语言调查"(People's Linguistic Survey of India)统计了 780 种，见 Shiv Sahay Singh, "Language Survey Reveals Diversity", *The Hindu*, July 22, 2013, https://www.thehindu.com/news/national/language-survey-reveals-diversity/article4938865.ece. 2018 年 9 月 2 日访问。

　　这里要提到印度的非对称联邦制（asymmetrical federalism）和多层次的自治权：前者是指联邦制下的各邦享有的自治权不完全相同，以适应某些地区的特殊历史境况和需求；①多层次的自治权是指，从邦、中央直辖区域（Union Territory）到邦或直辖区域之内的部落自治区域，自治级别从高到低。许多自治运动，最终目标都是分立新邦。重组或建立新邦的权力在国会和中央政府，重要依据是大众要求。这意味着，要分立新邦，必须要有强劲的大众动员，尤其在利益相关方如母邦反对的情况下。在实际经验中，分立新邦的要求通常发展为长期的自治运动，在很多案例中伴随大规模抗议游行、流血冲突和死亡。

　　在尼赫鲁时代之后，族群、部落、地区差异相继成为建立新邦的社会文化群体的实际边界，尽管在语言邦原则的影响下，自治运动仍然尽量以地方语言为名目来提出自治要求。一些新邦成立，另一些尚在鼓动、争取的过程中。最近的一例，是最先要求也最先成立的语言邦安得拉邦（1953 年成立），分出了特兰加纳邦（2014 年）。关键原因，是地区的不同历史发展轨迹和相对状况。特兰加纳原处于本土统治者尼扎姆（Nizam）治下，在现代教育和现代经济上落后于英国直接统治之下的沿海安得拉地区。在重组后的安得拉邦，特兰加纳人感到各方面被安得拉地区的人所支配，其中尤为重要的一点，是在教育机构和政府部门的雇佣中处于劣势。② 这与在英国治下多语言的马德拉斯省，泰卢固社群的

---

　　① 印度在这方面最突出的是查谟和克什米尔邦，根据宪法第 370 条享有特殊地位和更大的自治权。但在 2019 年 8 月 7 日，这一特殊地位被废止。PTI, "President declares abrogation of provisions of Article 370", *The Hindu*, 2019 - 08 - 07, https://www. thehindu. com/news/national/president-declares-abrogation-of-provisions-of-article-370/article28842850. ece

　　② M. Kodanda Ram, "Movement for Telangana State: A Struggle for Autonomy", *Economic and Political Weekly*, Vol. 42, No. 02, 2007, pp. 90—94; Ram S. Melkote et al., "The Movement for Telangana: Myth and Reality", *Economic and Political Weekly*, Vol. 45, No. 2, 2010, pp. 8—11.

受教育精英要脱离与更占优势的泰米尔精英的竞争而寻求单独建邦，并没有本质差异。

2.语言作为官方范畴

前面提到，那些拥有邦的地区-语言社群并没有成为官方范畴，但是其语言是官方范畴。关于语言范畴，首先要从"国语"说起。

与一些国人认为的相反，印度并没有在法律上正式确立起"国语"这样一个范畴。与乌尔都语成为巴基斯坦的法定国语不一样，印地语最终没能成为印度的国语。

国语（national language）的观念形成于印度民族主义运动，它被理解为不仅是独立后的印度国家的管理语言，也将是不同地区人民的交流语言，是印度国族统一的象征。在印度历史上，从文化传播的过程和大型政体如莫卧尔帝国和英帝国的管理需求来说，都存在通用语言的问题，梵语、阿拉伯-波斯语、英语都曾是这样的通用语言，只不过使用者局限于少数人。甘地的选择是印度斯坦语（Hindustani），它包含了印地语和乌尔都语，是北印的交际语言。印巴分治，使这一选择自动失效，更在北印的印度民族主义者中催生了纯化印地语的倾向：清除被视为穆斯林的语言的乌尔都语影响，更多使用梵语词汇。以这一纯化的印地语为国语的呼声高涨。在印度制宪会议的讨论中，国语问题是激烈争论的问题之一，以印地语为国语的主张遭到了来自非印地语地区代表和使用乌尔都语的穆斯林代表的强烈反对，理由是这排除了其他语言群体对国族的合法拥有。实际上，母语为印地语及其地区方言的人口，占全部人口比例从来都没有过半。[①] 最后，宪法避开了"国语"的概念，使用了具有实用管理意义的"官方语言"（official

---

① 笔者根据印度 2011 年的人口普查数据计算，母语为印地语及其地区方言的人口占全部人口比例是 43.66％。相关统计数据，见印度内务部的人口普查官方网站 http://www.censusindia.gov.in/2011Census。2018 年 10 月 5 日访问。

languages)的术语。以天城体书写的印地语被规定为印度联邦中央的管理语言以及中央与邦之间的交流语言,在英国统治时期行使这一功能的英语被放在辅助地位,并给了 15 年的期限,到时国会将复审它的地位。在邦的层面,各邦通过立法确定自己的官方语言。

当宪法规定的 15 年期限将近之时,一方面,地区-语言身份已得到了足够的巩固,另一方面,印度中央政府和各种机构将印地语向非印地语地区推广的事业,并没有取得足够显著的成效。与印地语相比,许多地区语言如孟加拉语、泰米尔语、泰卢固语和马拉提语等,都具有更长的历史和更丰富的文学传统,在这些地区的精英眼中,赋予印地语更重要更优越的地位是不能令人信服的。从利益方面来说,以印地语为联邦中央的唯一官方语言,将不利于以非印地语为母语的语言群体竞争政府职位,而英语是外来语言和全印精英教育的语言,它作为官方语言就没有这种地区性不公平。尤其在母语与印地语不同语系的南印,英语而非印地语更是各邦人之间的沟通语言。

最后,宪法规定的 1965 年 1 月 26 日作为中央官方语言转换之日,转化为国大党政府的一场政治危机:在马德拉斯邦(1969 年改名为泰米尔纳都)爆发了包括自焚、中央政府中来自该邦的部长辞职在内的大规模、组织化的抗议行动。泰米尔人之所以反应最为激烈,一个重要原因是此地在殖民时期的反婆罗门运动最为发达,印地语因为与梵语——婆罗门的象征——联系而引起更强烈的反感和抵制。危机和大众压力最终改变了政府的政策取向。此后,在政府和国大党内部的不同群体的长时间协商中达成了官方语言的三语方案:每个邦确定的自己邦的官方语言将是邦立大学的教学媒介语言;英语将继续在邦与邦的交流中使用(如果是印地语文本,须附英语译本);英语将继续是联邦中央包括国会的官方语言;官方考试将以英语、印地语和各种地区语言进行;中央政府将制定阶段性计划促进印地语的发展。① 关键是,以印地语取代英语成为联邦中央层面唯一官方语言的方案,已经无限期推迟。

在三语方案②暂时消除了印地语之外的语言邦尤其是南印对中央强推印地语的忿恨之后,围绕语言的社会动员的另一个中心,是成为"表列语言"——进入印度宪法第八表。1950 年宪法中,这个表列了 14 种语言为"印度诸语言"(languages of India),包括印地语、梵语、乌尔都语和其他成为邦的官方语言的 11 种地方语言。宪法中并没有给出进入此表的标准。在制宪会议的讨论中,潜在的规则是邦的官方语言进入该表,而梵语和乌尔都语则因为历史意义分别被提出并添加进去。与该表相关的宪法条款是第 344 条第 1 款和第 355 条,中心是关于逐步推进印地语的使用的,而这些地方语言被视为梵语之外丰富印地语的第二来源。但印地语中心的取向在三语方案达成后逐渐得以转变,而进入第八表,成为最初 14 种语言之外许多地方语言社群的追求。

进入宪法第八表所列的"印度诸语言"名单,不仅仅是获得印在印度卢比上的荣誉,还意味着真实具体的权利,比如说,根据印度宪法第 120 条,国会议员可以使用母语,而如果这个母语属于第八表的语言,国会要提供同声传译。政府有责任投入资金发展这些语言,这些社群可以要求他们的语言成为学校教育、考试、行政管理和法律的媒介语言。进入第八表,也意味着用这一语言的文学作品进入文学院(Sahitya Akademi)的评奖范围,而印度的国家电台和电视台也会制作这些语言的节目。这对于提升这些语言社群的经济、社会流动性和文化资本,无疑大有裨益。因此,不

---

① 参见 Rajni Kothari, *Politics in India*, (Second Edition) Hyderabad: Orient Black Swan, 2012[1970], p. 331。

② 各邦中小学和高等教育在语言学科教育和媒介语言使用方面的具体政策,是并不相同且非常复杂的。

少地方语言社群要求把自己的语言增补到第八表中。通过几次宪法修正案,该表的语言业已增加到 22 种。这些增补通常都是长期持续的要求、公开鼓呼的结果。如今,还有 30 多个语言社群要求自己的语言被列入第八表。

　　在这些有门槛的特定语言范畴之外,语言还联系着普遍性的文化权利。根据印度宪法第 29 条,"拥有独特的语言、文字或文化"的"任何群体"(any section)有保存这些独特事项的权利。语言还是宪法承认的少数社群(minorities)的两个确定依据之一(另外一个是宗教)。宪法第 30 条针对基于宗教或语言的少数社群,他们"有按照自己的意愿建立和管理教育机构的权利"。少数社群的界定有全国和邦两个范围。在全国范围内,由于不存在多数语言社群,也就不存在少数语言社群。少数语言社群在邦的范围内存在,宪法要求邦政府提供足够的支持,使语言少数社群的孩子在小学阶段能有母语的教学环境(宪法第 350A)——但这一条不属于基本权利,而属于非强制性的"国家政策指导原则"。一邦之内语言少数社群要求小学提供他们的母语教学环境而不得,从而向邦政府提出抗议,也是时常发生的事。

三、宗教身份与宗教少数社群的权利

　　印度人的宗教身份意识有一个历史形成过程[①]:13 世纪开始来自中亚、信仰伊斯兰的群体在北印建立起一系列穆斯林政权,14 世纪中期之后,"Hindu"(印度教徒)才逐渐成为一个具有宗教意义的自称,区别于信仰伊斯兰的穆斯林。但是,宗教归属作为身份认同之一,直到英国殖民统治早期,仍然是"折衷而模糊的,

---

　　① 参见吴晓黎:《解析印度禁屠牛令争议——有关宗教情感、经济理性与文化政治》,《世界民族》2016 年第 5 期,第 80—81 页。

情感性多于意识形态性"。[1] 它在其后的意识形态化和政治化,与英国统治带来的殖民现代性密不可分。例如,19 世纪中期英国人引入了人口普查这样的现代治理技术——如学者所言,人口普查这一英国政府为了管理便利的"数人头实践",在印度公众中成为了"对社会性身体的权威代表和本土利益表达的关键工具"。[2] 其中,宗教成为人口普查分类的首要范畴并与人口数字相联系,形成多数社群、少数社群(majority、minority)的概念。印度教徒属于多数社群,而穆斯林是最大的宗教少数社群。[3]

　　英国殖民时期宗教作为首要的人群分类范畴的确立,还体现在法律上:英国殖民者确立了世俗的统一的刑法和程序法,但没有确立统一的民法规则,规范婚姻、家庭、财产、继承等方面的属人法(personal law)的,是各个宗教社群的习俗法,它们得到国家正式承认,运用于法庭,例如穆斯林的沙里叶法。[4] 在政治方面,当英国统治者在压力之下逐渐允许印度人参与政治治理结构,将印度本土议员引入省级立法机构的时候,穆斯林政治精英对印度教徒数量上的多数感到恐惧,为保证本社群有足够的代表而要求

----

　　[1]　Ian Copland,Ian Mabbett,Asim Roy,Kate Brittlebank and Adam Bowles,*A History of State and Religion in India*,Oxon:Routledge,2012,p. 185. 另参见苏迪普塔·卡维拉吉对前现代身份的一般性特征的论述:相比可计数的、边界确定的现代社群身份,它们是模糊、渐变而没有清晰边界的。Sudipta Kaviraj,"Religion,Politics and Modernity",in Upendra Baxi and Bhikhu Parekh(ed.)*Crisis and Change in Contemporary India*,New Delhi:Sage Publications,1995,pp. 295—316.

　　[2]　Peter Gottschalk,*Religion,Science and Empire:Classifying Hinduism and Islam in British India*,Oxford:Oxford University Press,2013,p. 183. 关于人口普查如何择用排他性分类范畴,参见该书第 5 章:"Categories to count on:religion and caste in the census"。

　　[3]　根据 1941 年的印度人口普查数据计算,印度教徒占总人口的 65.86%,穆斯林占总人口的 24.08%。人口普查数据见 https://dspace. gipe. ac. in/xmlui/handle/10973/37344? show=full,2018 年 10 月 20 日访问。

　　[4]　Tahir Mahmood,*Muslim Personal Law:Role of the State in the Sub-continent*,New Delhi:Vikas Publishing House,1977. 参见 Paul R. Brass,*Ethnicity and Nationalism:Theory and Comparison*,New Delhi:Sage Publications,1991,p. 81.

单独选区——席位保留给穆斯林而投票人也限于穆斯林。在穆斯林的政党——穆斯林联盟（Muslim League，成立于 1906年）——的坚持和抗议之下，这一主张得到了英国人的认可。从1909 年的《印度议事会法案》（Indian Council Act 1909）到 1935年的《印度政府法案》（Government of India Act 1935），穆斯林单独选区的政策一直保留下来。确定独立印度的国家制度的制宪会议（Constituent Assembly）中，作为代表主体的英属印度各省①的代表席位也是按照相应宗教人口比例分配的：穆斯林拥有 78个席位（穆斯林联盟赢得了其中 73 席），锡克教徒 4 个（锡克宗教政党阿卡利党赢得了其中 3 席），印度教徒和其他宗教属于"一般"（general）范畴，共有 210 个席位（国大党赢得了其中 202 席）。居于绝对主导地位的国大党，在"一般"席位中特别考虑到给予各种少数或弱势群体以足够的代表，这包括国大党中的基督徒、帕西（Parsi）②代表，非国大党而被视为相应社群领袖的人，例如被视为"不可接触"种姓（Untouchables，中文或意译为"贱民"）③发言人的 B. R. 安倍德卡尔博士，以及盎格鲁-印度人社群代表。④

---

① 此外还有来自土邦的代表，由土邦首脑提名产生。

② 历史上自伊朗移民印度的袄教徒的后代。

③ 种姓阶序是高度地方性的，在全印层面，并没有一个被普遍接受的统一的本土范畴来指称下层种姓。20 世纪初英国殖民管理者在进行人口普查时，借用了梵语文献中"秽不可触首陀罗"（Asprishya Shudra）中的"不可接触"（untouchable）概念，泛指处于印度教仪式阶序下层，按照印度教的洁净-污染观念，其接触会给其他种姓带来污染的种姓。印度共和国成立后，通过宪法和法律废除了"不可接触"实践，若要再使用这个描述性名称指称当代群体，应该称之为"前不可接触种姓"或"前贱民"。他们的官方名称是"表列种姓"，见下文。安倍德卡尔在 1940 年代，为不可接触种姓的起源提出过一个理论假设，认为他们是雅利安人入侵前的原住民，被雅利安人征服、打散为零碎的群体，安倍德卡尔以马拉提语的 dalit 称之，意为被打散的人，畸零人（broken men）。见 B. R. Ambedkar，"The Untouchables. Who were they and why they became Untouchables?"in Dr. Babasaheb Ambedkar，*Writings and Speeches*，Vol. 5，Bombay：Government of Maharashtra，1982，p. 275. 作为泛印度的前不可接触种姓政治运动的结果，"达利特"成为了反映这一群体的主体政治意识的新名称，并进入公共话语。

④ James Chiriyankandath，"Constitutional Predilections"，*Seminar*，No. 484，1999，http://www.india-seminar.com/cd8899/cd_frame8899.html，2018 年 10 月 15日访问（对该期刊的电子版的访问日期皆为同一天，下略）。

　　在如何对待国家、政治与宗教的关系上，从 1946 年底一直开到 1949 年的制宪会议有着持续的争论，集中在印度是否要成为世俗国家、成为什么样的世俗国家、印度教具有什么样的地位、宗教少数社群有何种特殊权利等问题上。制宪会议中最具影响力的关于世俗主义的理解，不是西方世俗主义的政教分离，而是宗教多元主义和国家平等对待所有宗教。① 这也是自由主义者尼赫鲁的主张——正是意识到与西方这种区别，尼赫鲁一开始没有使用"世俗国家"而用的是"复合国家"（composite state）。② 它的对立面是印度教国家。但是，国大党中的印度教传统主义者（Hindu traditionalists），③希望宪法能体现印度教文化和身份，其中一条，就是要把禁止屠牛写入宪法。④ 制宪会议期间，印巴分治，分治地区的穆斯林与印度教徒、锡克教徒之间爆发了大规模血腥暴力冲突。这无疑使印度制宪会议中的印度教传统主义者增强了力量。最终，印度宪法没有对多数人的宗教印度教赋予官方地位，没有提及印度教徒的独特身份，但是禁止屠牛进入了印度宪法的第 48 条，属于非强制性的"国家政策指导原则"。这是妥协的结果——尼赫鲁认为禁屠牛条款使宪法沾染了印度教国家色彩，原本是坚决反对的。

　　在制宪会议的讨论中，宗教少数社群的权利议题集中在三个方面：政治代表，宗教自由和文化自主权。印巴分治之后，穆斯林

---

　　① James Chiriyankandath, "Constitutional Predilections", *Seminar*, No. 484, 1999, http://www.india-seminar.com/cd8899/cd_frame8899.html

　　② 转引自 M. J. Akbar, *Nehru: The Making of India*, New Delhi: Roli Books, 2002, pp. 456—457。

　　③ Bruce Graham, "The Congress and Hindu Nationalism", in D. A. Low(ed.) *The Indian National Congress*, New Delhi: Oxford University Press, 1988, p. 174。

　　④ 关于印度本土母瘤牛对于印度教徒的神圣地位以及禁止屠牛的条款进入宪法的问题，参见笔者论文，吴晓黎：《解析印度禁屠牛令争议——有关宗教情感、经济理性与文化政治》，《世界民族》2016 年第 5 期。

联盟中的领导层去了巴基斯坦,在政治上要求给予宗教少数社群特殊保护的穆斯林和阿卡利(Akali)锡克代表,成为孤立的少数。其他的宗教少数社群如基督徒和帕西代表,主张普遍平等的公民身份,不考虑宗教差异。最终穆斯林代表放弃了保留席位的要求——更不用说被认为导向了分治的单独选区。而印巴分治中受难最多的旁遮普锡克社群的代表阿卡利成员,认为锡克社群有资格要求特殊保护。最终宪法没有给予宗教少数社群政治上的特殊权利,两位阿卡利代表因此拒绝在宪法上签字。[①]

另一方面,在宗教文化议题上,穆斯林代表守住了穆斯林属人法——沙里叶法中关于婚姻、离婚和财产继承的规定。宪法中确立统一的民法(Civil Code)的倡导,因此只写在非强制性的"国家政策指导原则"部分。独立之后,只通过了印度教徒——锡克教徒、耆那教徒和佛教徒都被包含在这一范畴中——的统一婚姻继承法则(Hindu Code Acts,1955—1956),而任何试图在全体公民中统一该法的提议,都被穆斯林宗教人士和政治代表坚决反对,被视为对伊斯兰的攻击和对穆斯林社群文化自主性的侵蚀。

在宗教议题上,另外一个争论的核心是印度教徒代表提出的反对改信(conversion)——英国殖民时代以来,基督教积极的传教活动和印度教改信基督教人口的扩展,在部分印度教保守人士中引起相当的关注和敌意。一些印度教徒代表希望将禁止改信写入宪法,由于基督教代表和组织的激烈反对而没有成功。[②] 关于宗教自由,宪法仅从正面界定为"自由地宣称信仰、实践和宣传宗教的权利"(第 25 条第 1 款)。

对于宗教少数社群的文化权利的保护,前文提到了宪法有两

---

① James Chiriyankandath, "Constitutional Predilections", *Seminar*, No. 484, 1999, http://www.india-seminar.com/cd8899/cd_frame8899.html

② 同上。

条涉及：普泛性的第 29 条和针对少数社群的第 30 条。全国性的少数社群只有宗教少数社群。根据 1992 年的《全国少数社群委员会法案》(National Commission of Minorities Act,1992)，中央政府为保护少数社群权益成立了"全国少数社群委员会"，承认 5 个宗教社群为少数社群：穆斯林，基督徒，锡克教徒，佛教徒，祆教徒(帕西)。2014 年耆那教徒被增添进这一名单。

综而言之，在印度宪法中，宗教少数社群身份是非政治性的，作为文化身份得到承认和保护。而宗教文化领域那些当初在制宪会议中争议很大的问题，从屠牛、改信到统一婚姻继承法，仍是当代印度公共领域持续争议乃至引发暴力冲突的麻烦问题。

四、种姓、部落作为身份范畴及保留名额制度的基础

前文提到，印度制宪会议的构成体现了少数社群的代表性，这里的少数社群就包括印度教社会的边缘群体"不可接触"种姓①和大体处于印度教文明边缘和种姓系统之外的"部落"(Tribes)——"部落"是英国殖民时代的学术-治理实践创造的一个新术语，主

① 种姓阶序是高度地方性的，在全印层面，并没有一个被普遍接受的统一的本土范畴来指称下层种姓。20 世纪初英国殖民管理者在进行人口普查时，借用了梵语文献中"秽不可触首陀罗"(Asprishya Shudra)中的"不可接触"(untouchable)概念，泛指处于印度教仪式阶序下层，按照印度教的洁净-污染观念，其接触会给其他种姓带来污染的种姓。印度共和国成立后，通过宪法和法律废除了"不可接触"实践，若要再使用这个描述性名称指称当代群体，应该称之为"前不可接触种姓"或"前贱民"。他们的官方名称是"表列种姓"，见下文。安倍德卡尔在 1940 年代，为不可接触种姓的起源提出过一个理论假设，认为他们是雅利安人入侵前的原住民，被雅利安人征服、打散为零碎的群体，安倍德卡尔以马拉提语的 dalit 称之，意为被打散的人，畸零人(broken men)。见 B. R. Ambedkar,"The Untouchables. Who were they and why they became Untouchables?"in Dr. Babasaheb Ambedkar, *Writings and Speeches*, Vol. 5,Bombay：Government of Maharashtra,1982,p. 275。作为泛印度的前不可接触种姓政治运动的结果，"达利特"成为了反映这一群体的主体政治意识的新名称，并进入公共话语。

要指相对于平原农业的主流社会,居住于山地、森林,主要信仰泛灵论,在 19 世纪后期的进化论视野中被视为原始或者不具种姓阶序的社群。① "不可接触"种姓和部落所代表的社会群体久已存在,但成为少数社群范畴,则源于英国殖民时代。

自 18 世纪后期第一任印度总督沃伦·哈斯廷斯(Warren Hastings)的"知印"治理方略促成了一些有人类学取向的英国管理者的出现,②到 1857 年英国政府直接统治印度之后英国殖民管理者及学者的民族志调查和人口普查,"种姓""部落"作为构成次大陆社会的基本身份群体一直是关注的重点,如同宗教范畴一样,这些学术和治理实践也重塑了种姓和部落身份。

在了解印度社会的等级阶序、歧视和排斥的基础上,英国人在其官方话语中用一个委婉的带有心理学意味的形容词"depressed"同情地指称底层"不可接触"种姓为"低落阶级"(depressed classes)。在建立省级责任政府的政治改革中,1935 年的《印度政府法案》(Government of India Act 1935)为这个群体保留议员席位,③称其为"表列种姓"(Scheduled Castes)(这里"种姓"是一个既区别于部落又可以包含部落的范畴)。"表列种姓"完全是一个形式上的定义,它的意思是被列在表中的种姓,完整的表在 1936 年的《印度政府(表列种姓)命令》(*The Government of India*(*Scheduled Castes*)*Order*,1936)中得以公布,其中不仅

①　详见笔者论文,吴晓黎:《印度的部落:作为学术概念和治理范畴》,《世界民族》,2014 年 10 月第 5 期。

②　参见 David Kopf,*British Orientalism and the Bengal Renaissance:Dynamics of Indian Modernization*,*1773—1835*,London:Cambridge University Press,1969.

③　在未实行普选的情况下,为了保证代表性,英国人原本的设想是让"低落阶级"也像宗教少数社群一样拥有单独选区,这也是贱民运动领袖 B. R. 安倍德卡尔所倾向的方式,但甘地认为此举将分裂印度教社群而以绝食相抗议,最终安倍德卡尔放弃了单独选区而接受了保留席位。参见 Christophe Jaffrelot,*Dr. Ambedkar and Untouchability*,Delhi:Permanent Black,2004,pp. 53—70。

包含了"不可接触"种姓,也包含了被人口普查列在原始部落表中的部落群体。

　　1950 年的印度宪法,首先赋予了所有公民平等的民权,禁止了基于种姓等归属性身份的歧视,并废除了使"不可接触"种姓在历史上长期遭受社会歧视和排斥的"不可接触"实践。(宪法第15、16、17 条)同时,为了补偿"不可接触"种姓和部落,以列表的方式确立了"表列种姓"和"表列部落"两个分立的范畴。① 在政治上,他们获得了在国会和邦议会中与人口比例相称的保留席位。这原意是一个暂时性措施,最初的期限是 10 年,不过每到期限将尽时国会都会通过修宪再延长 10 年。为了保护和提升表列种姓和表列部落的福利,宪法还提供了多种特殊条款,根据这些条款,这两个群体获得的重要优惠,包括在政府主办的高等教育机构和政府部门与人口比例相称的学位和职位保留;在中央政府部门和主办的教育机构中,其比例是表列种姓 15%,表列部落 7.5%;在各邦政府部门和主办的教育机构中,其比例根据相应人口比例确定;印度东北部部落人口集中地区的地方自治权等。②

　　有意味的是,对于表列种姓和表列部落,宪法没有使用"少数社群"之名。实际上,制宪会议中的印度教传统主义者,当时首要关注的是要把贱民种姓这一历史上既内在又外在于印度教社会的边缘群体囊括在"印度教徒"这一多数范畴之内,③以增加人口的力量。表列种姓和表列部落受到特殊对待,不是因为人口数量上的少数,而是因其"落后"(backward)。"先进的"(forward)与

---

　　① 根据宪法第 341—342 条,此表由总统咨询各邦邦长确定,因此是以邦为单位的。

　　② 这种法律和行政管理上的特殊对待源于殖民时期,在殖民政府无法或难以行使权力的地区,倚重传统权威,允许一定的地方自主。

　　③ James Chiriyankandath, "Constitutional Predilections", *Seminar*, Vol. 484, December 1999, http://www.india-seminar.com/cd8899/cd_frame8899.html

"落后的"(backward)这一对形容词用于社会群体,也是英国殖民统治的遗产,而被独立后的印度政府全盘接受。"落后"通常联系着三个方面:社会层面(亦即种姓阶序地位),教育层面和经济层面。在实际应用中,"先进"与"落后"与种姓相关,下层种姓就是落后种姓,他们社会地位低、教育程度低、贫穷,是宪法的补偿性正义政策的对象。由于种姓社会多层次的阶序和不平等,除了贱民种姓和部落之外,还有大量阶序地位在贱民之上的种姓,同样具有落后性,他们被称为"其他落后阶级"(Other Backward Classes)。[①] 这无疑是一个模糊宽泛的类别。虽然号称"阶级",实际上是以种姓群体为单位进行识别的,也因此聚焦于社会与教育层面的落后,经济的落后被视为前者的后果。最初的宪法只是提出要建立一个委员会来调查落后阶级的状况(宪法第 340 条)。1980 年,由 B. P. 曼德尔(B. P. Mandel)主持的第二个落后阶级委员会提交了报告,这就是著名的曼德尔委员会报告,其中提出要为"其他落后阶级"在公立高等教育机构和政府工作中保留 27% 的学位和职位。1990 年国大党的中央政府决定采纳这一提议,这在北部印度引发了上层种姓学生的激烈抗议。但最高法院在判案中支持了该政策,"其他落后阶级"的保留名额最终从 1993 年9 月 9 日开始实施。

　　基于种姓和部落身份的优惠政策和保留名额,使得表列种姓、表列部落和其他落后阶级的身份成为值得追求的目标,在变动的政治经济过程中,不断有新的群体动员起来要求加入保留名额系统。在最近一些年,原本属于地方中层种姓的主流农民种姓如马哈拉施特拉邦的马拉塔(Maratha)种姓,古吉拉特的帕特尔(Patel)种姓,哈里亚纳邦的贾特(Jat)种姓,都组织大规模的抗

---

　　① 　就地方层面而言,在有些邦尤其是南印,落后阶级的分类(例如"落后""更落后""最落后")和保留政策在独立之前的殖民时期就存在。

议示威要求获得"其他落后阶级"地位从而获得政府工作的保留名额。[①]

在保留名额制度下,全部人口分成了三类:不享有保留席位的一般或称"先进"社群;享有保留席位的,即从独立就享有此优惠的最落后的表列种姓和表列部落;1993 年才在全印层面获得此优惠的"其他落后阶级"。在这里,分类识别的基本单位是种姓、部落和宗教少数社群整体或其内部的亚社群/种姓。由于种姓群体的繁多和多层次的不平等性,以及正式私营部门吸纳就业的有限性,不难想见政府控制的保留名额成为印度社会投入了相当多政治能量的领域。最新的进展是,2019 年 1 月,国会通过提案,不用于保留的 50％的席位中,10％的名额保留给先进社群中经济落后的家庭。这使得用于保留的名额超过了宪法规定的50％上限。[②]

五、结　语

本文试图从印度自身的历史实践出发理解印度处理内部多样性的制度和理念。印度反殖民族主义运动对于反殖民的集体主体曾有多重想象:地区-语言共同体,宗教共同体,地域-文明共同体。它们之间并不必然冲突,一段时间内,地域-文明共同体包容了前两个。然而在独立运动发展到具体国家建构和政体设计的过程中,政治共同体最终在北印沿着宗教的线分裂。分治之

---

① 其原因具有共通性,参见 Jaffrelot 对于贾特种姓相对被剥夺感的分析:Christophe Jaffrelot,Kalaiyarasan A.,"The Political Economy of the Jat Agitation for Other Backward Classes Status",*Economic and Political Weekly*,Vol. 54,No 6,2019,pp. 29—37.

② Special Correspondent,"Cabinet approved 10％ reservation for economically backward,beyond the 50％ limit",*The Hindu*,January 7,2019,https://www. thehindu. com/news/national/cabinet-approves-10-reservation-for-economically-backward-among-general-category/article25931160. ece,2019 年 1 月 15 日访问。

后，印度共和国仍然选择把"多样性中的统一"作为印度国族的理想状态，在一个强中央政府主导下，对多样性给予制度保障。与此同时，什么样的多样性获得什么样的制度保障，以及什么样的方式用来促进统一，都是具体历史情境中各种政治力量和取向之间争持、妥协的结果。

　　总结起来，印度涉及多样性的制度和范畴可以分成三个层面：首先，是联邦结构之下多层次的政治自治权与地区-文化单位的叠合。印地语之外的大的语言社群都获得了自己的邦。邦的建立在1960年代之后超越了语言原则，但基本仍在地区-文化单位的框架之内。其次，是以语言和宗教为依据划分的文化范畴和少数社群范畴及相关的文化权利，包括宗教少数社群的宗教文化自治权。第三，是旨在提升落后群体的保留名额制度，全部人口由此分成了三类，分类识别的基本单位是种姓、部落和宗教少数社群整体或其内部的亚社群/种姓。

　　独立后的印度在"多样性中的统一"的国族叙述之下，并没有一个像中国的"民族"一样具有政治和治理意义的统一范畴来水平划分组成国族的多元单位，有的是依照不同理据的不同层次的划分。从社会学上，如果说存在可以将人口水平划分的单位，那就是印度人类学调查局在1985—1992年间对全国基层社会进行人类学调查的单位"社群"（community）：这个用于经验描述（描述各社群的饮食、服装、仪式、婚丧嫁娶等习俗，以及社会地位）的单位，包含了印度教和其他宗教中的种姓、部落和族群，这是印度社会生活中的基础结构。但社群的数目太大——主要社群有2205个，加上内部分支有2795个，再加上迁徙扩散到别的地方的地域单位，这个数目是4635[1]——如此碎裂的身份不可

---

[1]　K. S. Singh, *People of India: An Introduction*, Calcutta: Anthropological Survey of India, 1992, p. 51.

能成为政治和治理单位。成为治理范畴的是它们的分类,也就是前面所说的保留名额制(包含了政治代表席位的保留)根据社群落后程度所分的三个类别。这里的描述性单位"社群",对应到学术概念的话,更贴合的是族群——具有真实或神话的共同起源的群体。①

前述三层次的基本制度框架是印度将极其多元的文化和地区拢合在一个统一的国家之下并协调群体利益、保障文化权利、促进社会公平的重要举措。它们是特定历史条件下各方妥协的结果,也因此,它们形成过程中的一些争议——例如宗教文化领域的屠牛、改信、统一婚姻法的问题——在变化的环境下重新凸显,而最近三十年的重要变化就是印度教民族主义政治力量的崛起。另外它们的一个突出特点是实用主义和问题取向、实践取向,不寻求定义具有内在一致性的概念,也不寻求系统设计,而对政治过程保持了开放。其中的一个重要原因,在于印度的多样性不是一般多样,是极端多样。

制度一旦形成,也会反过来形塑进一步政治动员的议题。我们看到各种各样的地区自治运动,语言地位的主张,特定社群为了加入保留名额体系或获得更大的优惠而进行的群体动员和街头行动。通过向政治过程开放,这些制度表现了弹性和包容性,但暴力也时常成为政治过程的一部分。对这些制度的全面评估超出了本文讨论的范围,但仍可以提及一点:制度,哪怕是具有弹性和包容性的制度,只是解决问题的基本框架,而问题的解决还

---

① 在印度,是种姓而不是多种姓组成的语言共同体,拥有自己的起源神话。关于传统阶序系统中的种姓在当代的变化可以理解为族群化,见吴晓黎:《社群、组织与大众民主——印度喀拉拉邦社会政治的民族志》,北京大学出版社 2009 年版,第三章第六节。

有赖多方面的条件。① 比如说,印度通过在东北部成立新邦消解了一部分分离主义问题,但无法解决这一地区的全部分离主义问题。

作者简介:吴晓黎,中国社会科学院民族学与人类学研究所副研究员。

---

① 米佐兰(Mizoram)通常被视为成功的案例,而那伽兰(Nagaland)和曼尼普尔(Manipur)则是与之形成对比的例子。参见 Sanjib Baruah, "Confronting Constructionism: Ending the Naga War", in Sanjib Baruah(ed.) *Ethnonationalism in India : A Reader*, New Delhi: Oxford University Press, 2010, pp. 239—262; M. Sajjad Hassan, "Secessionism in Northeast India: Identity War or Crises of Legitimacy?", in Sanjib Baruah(ed.) *Ethnonationalism in India : A Reader*, New Delhi: Oxford University Press, 2010, pp. 291—318.

巴以冲突的日常叙事

——基于东耶路撒冷领土/土地争夺的人类学研究

赵　萱

　　"巴以冲突"(Israeli-Palestinian conflict)是地缘政治以及国际关系研究中经久不衰的话题,而领土主权、民族主义与宗教分歧则是其中广泛使用的概念与备受讨论的主题。毫无疑问,巴以冲突是 19 世纪以来自欧洲兴起的"民族国家"浪潮的延续,所以"建国"也自然成为冲突的核心和终极诉求。但是"巴以冲突"这一命名不限于对现实斗争态势的描述,同时也反映出一种对空间认知的主流判定,即民族国家及其所标定的领土范围被认为是最重要甚至是唯一可能的互动空间。这一空间认知在一定程度上照应了巴以双方冲突的客观现实,但同时也将更为复杂的"人"(people)的互动简化为"国家"(state)之争;而其中有关人的多样性、空间的多层性以及冲突本身的复杂性都被有意无意地遮掩了。与此同时,受到冷战结束的影响,现实地缘政治的剧烈重组(包括苏联解体所带来的欧洲一体化进程的加速)促使欧美人类学在"反思现代民族国家"的学术传统之上进一步发展,形成了一种"空间转向"①(spatial turn);在概念上实现了对民族国家"领土陷阱"②(territorial trap)的超越,进而有关现代社会与国际政治的讨论得以发生在更多维度的空间范畴之内。因此,从人类学视角再次审视"巴以冲突"可以使得对这一主题的研究更为立体,日常性与在地化的分析路径有助于逐步还原、丰富和深化人们对于巴以冲突本来面貌的认知。

广义上的巴以冲突可以追溯到以色列建国之前,其后伴随着多次战争,而战争的核心是犹太人和阿拉伯人围绕主权与领土的争夺。但是战争本身是否只能基于主权而思考? 是否只能定义为民族(国家)之间的战争? 福柯在对主权司法模式(sovereign juridical model)下的权力概念的批评中就对传统的战争观提出质疑,认为仅仅将战争放在国家之间这一关系下进行思考会削弱"私人"与"日常"(day-to-day)。③ 一方面,由契约论所构筑的现代主权观将法律等同于秩序与和平,从而战争"从社会身体以及个人和团体之间的关系中"被清除;另一方面由于将民族与国家绑定在一起,战争"被推到了国家整体的外部边界,只能作为一种暴力关系存在"。④ 反之,福柯没有将战争描述为一种民族国家之间的暴力关系,而是视社会秩序本身就是战争:"政治权力所扮演的角色永远都是利用一系列无声的战争进行再刻写(reinscribe)……针对权力关系,也可以在制度、经济不平等、语言甚至是个人身体层面进行再刻写。"⑤我们可以清楚看到,在福柯那里战争并

---

① Van Houtum, Henk, "Prologue: Bordering Space", in Henk Van Houtum, Olivier Kramsch and Wolfgang Zierhofer, eds., *Bordering Space*, Routledge, 2017, pp. 1—16.

② Agnew, John, "The Territorial Trap: the Geographical Assumptions of International Relations Theory", *Review of international political economy*, vol. 1, no. 1, 1994, pp. 53—80.

③ Foucault, Michel, *Society Must be Defended*, Picador: New York, 2006, p. 48.

④ Ibid., p. 49.

⑤ Ibid., p. 16.

不外在于日常社会,社会秩序本身就是战争,社会内部诸多行动者所构成的权力关系与博弈过程构成了战争的来源。建基于福柯的理解,对于巴以之间战争与冲突的考察能否形成一种有别于传统的主权领土观的解释,从而在空间认识层面告别民族国家这一单一维度,而在更多的空间层面理解巴以冲突。

在普遍的认知上,主权-领土-民众呈现出一种三位一体的关系,主权与领土之间相互指认:主权是领土范围内的主权,领土则是主权的界限。[①] 事实上这一以接受现代民族国家合法性为前提的领土观念在 19 世纪以后才逐步形成,而到了二战结束,"领土完整"这一理念被全球广泛接受,并达到顶峰。20 世纪 90 年代,随着全球流动的加速以及人道主义干预呼声的不断增强,这一基于主权的领土观念开始受到质疑。[②] 诸多学者提出主权可以摆脱地理约束,在领土之外进行实践,比如"9·11"之后在欧洲和北美所普遍开展的"离岸执法"(off-shore enforcement);[③]另一方面也有学者认为领土本身不仅仅是主权的背景和容器,不只是政治斗争的消极结果,而要将领土视为一种过程,引入"领土化"(territorialisation)的概念加以补充。[④] 作为过程的领土不再只是以划定

① Agnew, John, "Sovereignty Regimes: Territoriality and State Authority in Contemporary World Politics", *Annals of the Association of American Geographers*, vol. 95, no. 2, 2005, pp. 437—461.

② 全球流动和人道主义干预都可以放到一个 20 世纪 90 年代之后的语境下讨论,全球流动指向苏联解体,人道主义干预则是卢旺达大屠杀对世界所造成的震撼。卢旺达大屠杀由于没有受到干预所以造成了人类悲剧,这使得人道主义干预开始对主权的完整性提出一系列新前提,那就是主权不是一种权力而是一种义务,一种存续生命的义务,不只是本国的生命也是他国的生命。参见:Cunningham, Hilary, "Nations Rebound? Crossing Borders in a Gated Globe", *Identities: Global Studies in Culture and Power*, vol. 11, no. 3, 2004, pp. 329—350.

③ Vaughan-Williams, Nick, "The UK Border Security Continuum: Virtual Biopolitics and the Simulation of the Sovereign Ban", *Environment and Planning D: Society and Space*, vol. 28, no. 6, 2010, pp. 1071—1083.

④ Elden, Stuart, "How Should We Do the History of Territory?" *Territory, Politics, Governance*, vol. 1, no. 1, 2013, pp. 5—20.

主权国家范畴的土地(land),也不仅是主权国家在军事对抗中获取优势的地形(terrain),而是作为法律实践和政治技术展演的领土(territory)。① 与对战争概念的反思相一致,这里的领土明显要比我们所理解的主权下的领土有着更复杂的内涵,其既指向了国家层面的"政治-经济"(political-economic)和"政治-战略"(political-strategic),更关注到社会内部的法律和治理如何施加影响,塑造了不同层次和范畴的权力关系和空间,②其核心是作为一种政治技术,不断对领土范围内的人口进行识别、分类与规训。③ 更直接地说,领土并非天然就指向主权,而是在一种历史性和过程性的视角下,被视为空间政治的表现形式,对空间进行分类、安排,起到了规范(normative)功能。④ 所以,鉴于对战争、主权、领土的全新理解,领土本身就代表了社会秩序;对社会内部的土地所进行的空间规划、类型识别、权利划分以及由此带来的诸多争端也可以纳入领土范畴内。

对领土的反思,将其还原到"空间政治"这一更为开阔的维度,并非要解构主权层面的领土,而是强调领土犹如战争那样,同样可以通过社会内部的制度、群体甚至是个人身体来呈现,其大大扩展了领土的空间范畴,只要涉及政治技术的实践,即便是地方性和日常性的土地争夺也可以纳入"领土化"的过程内。空间范畴的多样化作为 20 世纪 90 年代之后边界以及社会空间研究

① Elden,Stuart,"Land,Terrain,Territory",*Progress in human geography* 34. 6,2010,pp. 799—817.

② Elden,Stuart,*The Birth of Territory*,University of Chicago Press,2013,p. 10.

③ Elden,Stuart,"Missing the Point:Globalization,Deterritorialization and the Space of the World",*Transactions of the Institute of British Geographers*,vol. 30,no. 1,2005,pp. 8—19.

④ Shah,Nisha,"The Territorial Trap of the Territorial Trap:Global Transformation and the Problem of the State's Two Territories",*International Political Sociology*,vol. 6,no. 1,2012,pp. 57—76.

的一种新取向,强调了空间并非一种客观和先验的存在而是一种话语-权力建构的产物,更精确地说总是以一种"社会-空间意识"的时间形态呈现。① 无论领土范畴的多样化还是空间本身的多样化,其实都意指如何从一个微观层面去考量政治技术的展演以及政治技术背后的话语建构。在这里土地作为一种在地理范畴上极具弹性的概念可以直接体现为"领土-空间"的多维度性,同时围绕着土地争夺所展开的各种政治技术实践和话语建构无疑也是领土斗争与社会-空间意识的呈现。

目光转向当前处于巴以冲突焦点的耶路撒冷,当我们将注意力从民族国家之间的战争转向日常生活中的政治技术时就会发现,耶路撒冷的领土不仅是巴以双方争夺的焦点,同时也是地方社会甚至个体生命存续的基础。对于以色列政府而言,1967年"六日战争"后犹太人实现了对耶路撒冷的绝对控制,但却在现代人权、国际公约和法律实践的制衡下,经历了从"军事"到"市政"的治理转向;而对于控制区的巴勒斯坦人而言,土地成为了他们唯一拥有的财富,并上升为对抗强权、维系社会运行与整合的基石,却也带来了个人与家族之间的利益冲突。这其中重要的并不是巴勒斯坦和以色列如何以民族国家的身份展开军事对抗和领土争夺,而是在日常生活中这些复杂且多样的行动主体如何依靠法律以及不同的政治技术表达其差异性的领土观念并做出不同的抉择。

本文从巴以的领土冲突谈起,但为了强调战争、领土以及空间本身内涵上的复杂性以及避免传统的领土概念带来的思维干扰,同时为了将当前处于领土研究之外的日常土地争夺纳入其中,所以采用了"领土/土地"这一概念,将日常的土地争夺整合到整体性、多层次和立体化的领土争端之中。本文聚焦"土地"这一

---

① Paasi, Anssi, "Bounded Spaces in a 'Borderless World': Border Studies, Power and the Anatomy of Territory", *Journal of Power*, vol. 2, no. 2, 2009, pp. 213—234.

重要的分析对象,基于 2012—2013 年以及 2017 年的两次对东耶路撒冷巴勒斯坦人社区的田野调查,通过对个体、家族和国家等多个面向的民族志描述呈现日常生活中的土地争夺,进而诠释土地何以成为理解巴以冲突最核心的因素。本文分为四个部分:第一部分将跳出传统的巴以领土争夺的讨论,关注法律与政治技术如何在漫长历史中尤其是 1948 年后反复塑造耶路撒冷的社会-空间,提出对巴以领土冲突的理解应该从军事转向市政,关注日常生活中的土地争夺。第二部分围绕一次既"合法"又"非法"的土地交易,讨论以色列政府和巴勒斯坦人之间完全不同甚至相反的领土/土地逻辑,以及由此造成的冲突和悲剧。第三部分则将土地争夺进一步放置到家族和个体层面,一方面呈现东耶路撒冷阿拉伯群体的内部差异和个人抉择,另一方面揭示民族国家层面的巴以领土冲突如何转换为家族和个人之间的土地争夺,从而形成一个从土地理解巴以冲突的整体性框架。第四部分则对文章进行总结并且提出围绕土地所展开的巴以冲突日常叙事如何对巴以冲突的解决提出另一种视角和可能性。

一、从圣城到领土:耶路撒冷的地理概念与空间塑造

耶路撒冷位于地中海和死海之间的犹地亚山地(也被称作耶路撒冷山地),是一座历史悠久的内陆城市。在漫长的古代文明史上,尽管这里资源匮乏、土地紧缺,却一直被视为不同宗教的圣地,其建城历史最早可追溯到公元前 11 世纪末,在随后一千多年的时间里,圣城几经推倒重建,交织于各类宗教文明政权的争夺之中。① 公元 7 世纪,耶路撒冷迎来了阿拉伯穆斯林统治

① 参见:西蒙·蒙蒂菲奥里著,张倩红、马丹静译,《耶路撒冷三千年》,民主与建设出版社,2015 年版。

者,被列为伊斯兰教第三大圣城,随之也进入到伊斯兰化时期;[①]并于 1516 年纳入奥斯曼帝国的疆域。1542 年,在苏莱曼大帝的意志下,帝国重修了耶路撒冷城及其城墙,城墙范围内约 1 平方公里,也就是今天的耶路撒冷老城。在 19 世纪中叶之前,耶路撒冷的地理空间仅限于这一狭小的范围,城外是贫瘠的山麓与圣徒的墓园,但各类政治主体对于圣地土地的认知却并非建基于有形的领土层面,而是通由无远弗届的宗教宇宙观来定义自身的空间范畴,耶路撒冷的社会空间始终在神圣王权注目之下。

1856 年起,由于城市人口的膨胀,本地的犹太居民和阿拉伯居民开始相继在老城以外建立新区,犹太新区集中在城市以西,阿拉伯新区在城市以东,耶路撒冷的范围不断扩大和调整。1918年,英国军事统治巴勒斯坦地区期间,颁布了一项关于耶路撒冷的城市规划法令,将逐渐扩展的耶路撒冷分为四个地区,即老城区、老城周边地带、新城东区和新城西区,并制定了不同性质和限度的建设方针。[②] 在该协议中,犹太人所在的新城西区获得鼓励建设与开发的权限,相反阿拉伯人社区却受到严格的开发限制;与此同时犹太人也积极地在东耶路撒冷购置土地,这为后来以色列在东耶路撒冷的定居点建设埋下伏笔。自此,在近代殖民主义的影响下,耶路撒冷具有了最初的市政意义上的区划,古代圣城逐渐向现代城市过渡。可以说,进入近代,尤其是随着民族国家时代的到来,对于耶路撒冷社会空间的塑造不再单纯以军事占领为重心,如何将合法性灌注到社会空间之内成为城市管理者思考的核心。

---

① 徐向群,“历史上的耶路撒冷”,《西亚非洲》,1997 年第 5 期,第 47—49 页。
② 殷罡,“阿犹耶路撒冷之争的地理概念”,《西亚非洲》,1997 年第 5 期,第 49—52 页。

　　第二次世界大战结束后,1947 年 11 月 29 日,联合国通过 181 号(二)号决议,即《关于巴勒斯坦将来治理(分治计划)问题的决议》,在该决议中,耶路撒冷的地位被定义为一个在特殊国际政权下的独立主体,由联合国管理。1948 年,以色列在决议的基础上宣布建国,随后拒绝接受决议和建国事实的阿拉伯国家发动了第一次中东战争,在战争中,阿以双方激烈争抢耶路撒冷,最终以色列占领了老城以西约 38 平方公里的地区,而约旦占领了老城及以东约 6 平方公里的地区;根据 1949 年的停火协定,耶路撒冷被停火线分割为东西两部分,“东耶路撒冷”和“西耶路撒冷”的说法也应运而生,起初源于不同族群对于土地开发建设而产生的地区差异在军事争夺的作用下被确立为具有国家政治意涵的市政区域分化,停火线(尽管并非国际边界)成为了分割耶路撒冷的边界地带。

　　1967 年,“六日战争”爆发,以色列军队攻占了整座耶路撒冷,将此前约旦控制的东耶路撒冷地区完全纳入以色列领土范围和市政管理。1967 年 11 月 12 日,联合国通过 242 号决议,再次明确了耶路撒冷作为国际共管城市的地位不得改变,并要求以色列军队撤出占领的领土。自“六日战争”以后,尽管联合国于 1973 年和 1980 年两次通过了关于耶路撒冷地位问题的有关决议,但以色列始终没有遵守联合国的决议,并开启了对耶路撒冷的大规模城市扩建和市政改造,其中包括加快犹太人定居点的建设。1980 年,以色列立法宣布耶路撒冷将作为永恒和不可分割的首都,在法律层面确立了耶路撒冷的城市定位。[1] 1993 年的第一次奥斯陆协议将耶路撒冷以东的约旦河西岸地区视为巴勒斯坦的

---

　　[1] 　1980 年 7 月 30 日,以色列国会通过《基本法:以色列的首都耶路撒冷》,第一条便明确耶路撒冷是以色列永远不可分割的首都(1. Jerusalem,complete and united, is the capital of Israel.)。

独立领土,巴以领土格局和政治轮廓逐渐清晰,且为国际社会所默认和接受。① 2002 年,以色列开始沿 1967 年的阿以边界线修建了长约 700 公里的隔离墙,将以色列和巴勒斯坦西岸地区彻底隔离开来,用以标定其领土范围,耶路撒冷也最终从阿拉伯世界的政治版图中切割,但依然是其生活世界的重要组成。

在 1967 年以后的四十多年间,以色列稳步推进东西耶路撒冷的统一道路体系、基础设施和公共服务体系的建设,并于 2011 年 12 月历时 8 年最终完成了耶路撒冷首条轻轨的修造,该线路基本沿 1949 年停火线铺设,成为了今天城市的主干大道,大学城、老城区、市政厅、商业街和中央车站等重要的基础设施和公共场所分布在线路两侧,东西耶路撒冷在市政意义上重新"缝合"。② 2016 年,耶路撒冷市政厅对东耶路撒冷阿拉伯人聚居区的街道、房屋、居民进行普查,并制作了统一的路牌和房屋编号,且纳入居民身份证信息更新系统中,当地阿拉伯人口中的"村落"(village)逐渐转变为耶路撒冷市政体系下的"街区"(neighborhood),其社会空间意识也随之改变。

在对耶路撒冷的争夺中,虽然军事冲突和地区战争一直以来甚至直到当下都左右着耶路撒冷的归属问题,并造成了耶路撒冷的分裂,但从一战以来尤其是二战之后,对于耶路撒冷土地的竞争却逐步从军事(military)对抗转向了市政(civilian)建设③,以色列不再简单依靠战争来获得耶路撒冷的土地,而是透过一系列的法律实践和生命政治来实现对土地上的人口管理,或者说从对土

① Newman, David, "The Geopolitics of Peacemaking in Israel-Palestine", *Political Geography* No. 21, 2002, pp. 629—646.

② Salter, Mark B, "Theory of the Suture and Critical Border Studies", *Geopolitics* 17. 4, 2012, pp. 734—755.

③ Newman, David, "Civilian and Military Presence as Strategies of Territorial Control: the Arab-Israel Conflict", *Political Geography Quarterly*, vol. 8, no. 3, 1989, pp. 215—227.

地数量上的追求转向对质量的关注。以色列对于耶路撒冷的占
有并非强制的、非法的、单方面的军事占领行为；巴以冲突也不能
简单归结为大国博弈下的政治危机。以色列对于土地的目标是
通过市政手段使其生长为以色列国家的有机组成部分，在方式
上，其不完全依赖于军队等国家暴力机器或依靠一系列国际协定
和政治谈判来实现，而是通过立法机构、计划单位和市政当局；①
甚至包括对于阿拉伯地方家族的吸收与利用，将其融入以色列国
家的历史进程与社会结构之中。② 与此同时，巴勒斯坦人对于以
色列这一市政进程的反抗也不是绝对通过暴力冲突，而是借助家
族等社会内生性力量加以限制、约束与协商，从而实现国家与社
会的冲突和共生。③ 这一图景与我们通常理解中的水火不容、相
互对立的巴以冲突有着鲜明的差别。

　　市政建设说明了巴以冲突在"二战"之后发生的转变，巴以冲
突的空间格局从国家层面的军事冲突转向地方层面的政治技术
博弈，领土不再是一个消极的被占有的对象，而是组织"社会-空
间意识"积极的生产性因素。从这一有关领土的关系性而非支配
性的角度去看，社区、家族、房屋甚至个人都可以成为巴以冲突的
领土空间。在下文的民族志中我们将会看到，这些曲折的土地争
夺过程远比军事占领更为复杂，而且还将领土自身的内涵丰富
性、族群内部的主体多样性以及个人之间选择的差异性通过空间
的不断塑造而呈现，促使我们可以在区别但又共存的空间维度重
新整理巴以冲突的叙事。

---

　　① Portugali, J., "An Arab Segregated Neighborhood in Tel Aviv: the Case of Adjami", *Geographical Research Forum*, 11, 1991, pp. 37—50.

　　② Rosenfeld, H., "Non-hierarchical, Hierarchical and Masked Reciprocity in an Arab Village", *Anthropol*, Quart. 47, 1974, pp. 139—166.

　　③ 赵萱，"东耶路撒冷橄榄山地区巴勒斯坦社会的家族研究"，《中央民族大学学报》(哲学社会科学版)，2017 年第 1 期，第 167—176 页。

二、"插着国旗的房屋"与成为"非法"的土地交易

今天的东耶路撒冷主要由两部分组成,分别是位于轻轨东侧的老城和老城以东的橄榄山地区。老城由犹太区、穆斯林区、基督教区、亚美尼亚区和圣殿山五个部分组成,被奥斯曼时期厚重的城墙所包围;而橄榄山是一条南北走向的多峰石灰岩山脉,众多的阿拉伯村落分布于此,99%的人口都是阿拉伯人,是东耶路撒冷阿拉伯人的主要聚居区,其中包括位于橄榄山阿图尔峰上的阿图尔村(下文简称榄村)和位于阿图尔峰南麓、与阿图尔村相邻的席勒瓦尼村(下文简称席村),它们也是东耶路撒冷阿拉伯人口最密集的两个村落。橄榄山是犹太教和基督教中的圣山,而站在阿图尔峰上可以俯瞰整座耶路撒冷老城,这里也是耶路撒冷的制高点和最著名的观景台。尽管榄村绝大多数民居都属于本地的阿拉伯人,但山顶西侧最外沿、一个叫哈勒瓦的街区却耸立着一栋其貌不扬的三层房屋,房顶上插着一面巨大的以色列国旗,与周遭的阿拉伯村落景观格格不入,由于位置十分显眼,人们从老城望向橄榄山都能看见。起初,笔者将这栋在哈勒瓦的房屋称作"插着以色列国旗的房屋",直到有一天笔者和一位报导人谈到犹太人定居点的话题时,他顺手指向那杆国旗,说:"那不就是最近的定居点吗?"这次交流让笔者意识到定居点原来并不仅仅是巴以边界上那些半封闭、准军事的社区,也包括这些星星点点扎进阿拉伯村落的犹太人房屋,即嵌入式定居点,它们都有一个共同的特征:屋顶上插着以色列国旗。那么,这些定居点是如何建成,又对本地的阿拉伯社会带来怎样的影响呢?

哈勒瓦的这栋房屋在东耶路撒冷人尽皆知,人们都知道橄榄山山顶上有一栋插着国旗的房子,一方面它是榄村第一栋犹太人的房屋,另一方面它所在的位置对于阿拉伯人来说十分碍眼,而

更重要的是房屋的背后还牵扯着一个令当地人讳莫如深的故事。

2006年春天,位于榄村哈勒瓦街区的一栋三层房屋来了一位访客,名叫阿德南,他自称是一名从事汽车销售的商人,希望在哈勒瓦购买一栋可以俯瞰全城的房屋用于招待客人。哈勒瓦街区是艾布浩瓦家族最主要的聚居地,这栋三层住宅内住着穆罕默德兄弟三人,老大穆罕默德住在三楼,老二哈利勒住在二楼,老三迈哈穆德和他的母亲住在一楼。阿德南开出的价格非常诱人,约70万美金,于是穆罕默德代表兄弟三人与阿德南在第三者的见证下签署了一份购房声明,随后阿德南委派律师优素福签订了正式的购房合同,并以现金的形式一次性交纳了房款。在签署过程中,为了让艾布浩瓦家族放心,他们不是为政府服务,优素福在众人面前背诵了《古兰经》开篇章,以此证明自己穆斯林的身份。

一个月后,律师优素福带着施工队对房屋的墙体和窗户进行了装修,兄弟三人此时仍然住在屋内。但修造的方式令人奇怪:施工队给外墙加装了护栏和挡板,并在窗户上加装了防护板。这件事情以及此前罕见的付款方式引起了族内人的担心,他们建议穆罕默德取消交易,因为事情背后可能有政府的参与。但因为住房合同已签,房款已收,交易无法取消。又过了两个月,某日凌晨,一队以色列军警突然上门,将住在二楼和三楼的哈利勒和穆罕默德直接赶出了房屋,并出示房屋所有权证书,房屋已归政府所有。穆罕默德非常震惊,觉得受到了欺骗,他坚称房屋并没有卖给犹太人,但在合法证书的效力面前无能为力,只得被迫搬出了房屋。不过住在一楼的老三迈哈穆德和他们的母亲却没有被赶出,原因是在当初出售房屋时,对方并不知道他们的母亲依然健在,而房屋作为他们父亲的遗产,其母亲拥有50%的所有权,而她并没有在合同上签字,穆罕默德只是出售了自己和兄弟的份额,所以军警无法将其母亲赶出。直到两年后,穆罕默德的母亲才正式搬出房屋，住进了医院。①

　　无论从获取途径还是潜在意义来说，土地都具有了超越传统领土争夺的意味。从获取方式来看，以色列对这一"定居点"的建设并不像其他更广为人知的定居点那样通过军事暴力的形式推行，而是依靠市场契约的方式进行购买。表面上看是以色列政权还不足以强大到直接控制东耶路撒冷的土地，但深入分析，一种在现代性维度上更具合法性的司法管理已经替代直接的身体暴力，在耶路撒冷反而进一步确立了以色列统治的有效性。这里虽然没有完全排除身体暴力，却是一种依据契约实现的身体暴力，重点不再是暴力本身，而是法律。土地争夺超越了文明、种族、信仰之间的差别，而是转向法律所宣称的一视同仁之下的合法与非法的区别。在这种合法与非法的区分中，或者更直接地说，犹太人对巴勒斯坦人的"非法性"的再生产中，主权透过法律实践（凭借合法证书进行驱逐）和政治技术（阿拉伯人代为购买并转卖给了以色列政府）实现对土地的控制。

　　作为一个嵌入式定居点，这栋房屋无法直接说明以色列在巴以边界的支配地位，但由于房屋位于橄榄山山顶所带来的无所不在的可见性和监控性，其对于巴勒斯坦人的"伤害"从直接的身体创伤和土地流失，转为对阿拉伯社会的嵌入以及日常景观中的无法抹除。事实上，这一定居点对于以色列而言既不能作为一种财富，因为其孤零零地位于阿拉伯社区内，居住的都是一些经济条件较差的犹太居民，低廉且临时性的租期以及繁重的安保任务无法表现出实际的经济价值；同时也不具有明显的军事战略意义，因为很难以此为据点夺取更多的阿拉伯人的土地；但却赋予了强烈的象征意味，代表着以色列主权对于巴勒斯坦人的持续在场以

---

　　① 文中所引的民族志案例皆为笔者于 2012—2013 年、2017 年东耶路撒冷田野调查时所记录。

及由于处于地理空间上的高位而实现的政治效果,从而表现出福柯为"全景敞式监狱"讨论中提到的监狱中心塔楼。①

当领土争夺不再是主权下的军事冲突而是变为主权内部(至少以色列希望将之视为一种主权内部的事务)的法律实践,主权也不再强调身体暴力的垄断而是一种日常性的政治技术展演。

这件事发生以后自然在榄村引发了轩然大波,人们指责穆罕默德竟然将房屋卖给犹太人,艾布浩瓦家族的名声也受到了损害,尽管穆罕默德拿出了当初的声明和合同自证,他真的卖给了一个阿拉伯穆斯林,但很少有人相信他从头到尾都不知道内情。穆罕默德不得不搬离榄村,但却在 4 月 12 日被发现他在位于耶路撒冷以东城镇杰里科的家中被人枪杀:他身中 7 枪,汽车被烧毁,现金也不翼而飞。这件突如其来的命案发生后,艾布浩瓦家族组织人进行调查,他们找到了阿德南,阿德南说他当时把房子转卖给了律师优素福,否认了与犹太人伙同欺骗阿拉伯人的事情。调查人员又去寻访优素福,发现优素福住在耶路撒冷的一个富人区贝伊特哈尼纳,无法接近,但有人从他家的窗内看到他的家中摆放着耶稣像和十字架,优素福居然是一个基督徒。

虽然艾布浩瓦家族强烈要求警方办案,但凶手至今没有找到,人们开始相信穆罕默德是无辜的,但仍有很多人认为他是咎由自取。他的族人不敢把他葬在榄村,只能把他葬在位于耶路撒冷和杰里科之间的沙漠里一个叫作纳比穆萨的墓地,这个墓地是专门为无家可归者设置的墓地。直到 2015 年,穆罕默德两个侄儿已经成年,并且在榄村颇具势力,才将其遗体迁回榄村,但却是与穆罕默德的另一位堂兄合葬,无论如何,他们认为穆罕默德已经回家了。橄榄山的山顶从此有了犹太人的定居点,住进了第一批犹太居民,他们在房屋上插着巨大的以色列国旗,从老城望向

---

① 〔美〕加里·古廷著,王育平译,《福柯》,译林出版社,2013 年版,第 85—87 页。

榄村也可以看见。

以色列希望将土地的争夺整合到一种主权下的司法逻辑中，而巴勒斯坦人的回应却是对这一逻辑的拒绝，穆罕穆德的结局依旧是一种身体暴力的实施（即便这一暴力行为并不一定是犹太人直接造成的），但是在此之外我们要注意到土地在巴勒斯坦人这里所代表的特殊意义。穆罕穆德因售卖土地而遇害甚至在死后"无家可归"表明土地并非是"公民"的财产，而是巴勒斯坦人团结家族以对抗以色列统治的纽带，土地的丧失便意味着家族资格的丧失。

在这里我们看到耶路撒冷土地争夺的双方在土地观念上的错位。对于以色列而言，领土被逐步纳入一种主权内部的市政发展之下，司法而非军事暴力引导着土地的获取与整合，领土与民众的关系逐步转化为财产和公民之间的关系。相反，对巴勒斯坦人而言，土地不仅没有实现内涵的一般化，而是在巴以冲突的语境下特殊化了，成为了承载信仰、族群和家族的载体。相较于以色列在领土争夺中对土地所注入的一种主权-法律层面的私人性，巴勒斯坦人无疑则在相同的争夺中强调土地在血缘-家族层面的公共性。

而在接下来的一个案例中，我们还可以发现在这一血缘-家族的公共性之外，土地还被赋予了强烈的民族和宗教内涵。

席村的拉贾比一族来自西岸的希伯伦，现经营着一间家庭木工作坊，在艾哈迈德还在读初中时，他帮助他的父亲亚金在邻村装修了一栋9层的房屋，屋主之前便与他父亲相识，是一名阿拉伯人。据艾哈迈德回忆，那栋房子非常大，里面的门窗都要求木制，每一层楼都有相对的两扇门，应该可以住进两户人。这是他们家接手过的最大的一笔生意，定金就高达10万谢克尔（约合人民币20多万），但当工程结束后的第二天，他们去找对方要尾款，居然被以色列警察拦在楼外，告知这栋房子已经属于犹太人了，而那位相识的委托方再也联系不上，听说移民美国。艾哈迈德说"这件事是一个耻辱！"，不仅是赔了钱，最重要的是"我们居然给犹太人建了定居点"。

　　穆哈默德和艾哈迈德的悲剧并没有使得东耶路撒冷土地与房屋的交易浪潮终止，位于榄村北侧的第二处定居点"橄榄山之家"在 2012 年修建并投入使用，用于建设的土地由两部分组成，一部分在 30 年前从艾布苏比坦家族的一户家庭手中购买，另一部分在 15 年前从一位亚美尼亚牧师手中购得，但定居点是在5 年前才修建的，两户人家都已移民美国。对于定居点建设，报道人易卜拉欣说："犹太人正在用金钱占领东耶路撒冷！"

　　在上述的民族志材料中，房屋与土地背后的内涵是丰富多元的，土地可以作为私有财产进行交易，通过合乎法律的商业契约来实现。但在东耶路撒冷的社会情境中，这类商业行为却隐藏了潜在的限制性条件：阿拉伯人的房屋和土地禁止卖给犹太人和非穆斯林。在正常的经济生活中，不论是买方进行购买，还是卖方进行出售，所要考虑的基本要素应该是商品的价值与价格，但在案例中，犹太人为了实现最终的购买，反复采用了迂回且非道德的手段达成契约；而阿拉伯人始终用族裔和宗教身份来定义和描述事情的经过，并普遍使用"欺骗""耻辱"等字眼。报道人迈哈穆德甚至谈到出售土地是一件"非法"（حرام）的事，而不是单纯的"禁止"（ممنوع），但事实上，出售或购买土地并非伊斯兰教义规定的非法行为。先知易卜拉欣在历史上便曾通过购买希伯伦地区的麦拉比洞获得了家族最初的栖息地，案例中的拉贾比一族同样是通过从其他家族的手中购买土地而建立在东耶路撒冷的家园。当笔者进一步询问时，他谈道："我们现在出售土地获得了金钱，但我们的孩子们呢？我们孩子的孩子们呢？他们将没有生存的土地，这就是为什么它是非法的，真主都看在眼里。"土地交易这样一种不论在历史还是现实的中东社会中最常见不过的经济行为在东耶路撒冷却上升为穆斯林观念中的禁忌,这种禁忌并非源自传统社会,而是产生于民族国家时代。在巴以冲突的语境下,土地转变为一个特殊的概念,它无法被简单化约为商品或财产,也不单纯是巴勒斯坦人应当捍卫进而实现建国梦想的传统意义上的领土,或穆斯林誓死守护的圣地,更是有且仅有、不可失去的阿拉伯民族的家园,被赋予了不可承受之重。

在穆罕默德的案例中,定居点的建立以及当事人的遇害其实并不是这场悲剧的终点,而是穆罕默德的"无家可归"。在这里,一个重要的行为主体理应得到更多的重视,即阿拉伯家族。在案例中,家族虽然并不能阻止悲剧的发生,却始终扮演着重要的角色。在事件发生之初,穆罕默德与阿德南签署合同,律师优素福为自证身份向家族成员背诵了《开篇章》,以此获得信任。在房屋改建过程中,家族曾派人提醒穆罕默德应当终止交易,因为怀疑这是以色列政府的骗局。最终,穆罕默德令家族和社区失去了荣耀,被迫搬离榄村,而在他遇害后,家族将他葬在旷野,并组织了调查组进行调查。而在所有的案例中,售卖者售出土地后,离开本地是通常的行为,因为他们不再为家族社会所接纳。由此可见,家族构成了阿拉伯人日常生活的重要载体和认同基础,并广泛地参与到土地多重内涵的生活实践之中,因为土地同样是家族得以存续的基石。不仅如此,面对这种"非法"土地交易行为的泛滥,阿拉伯家族做出了更为积极主动的回应。

2017年3月,一项针对土地交易的规定经拉贾比家族议会颁布,由族长上传,在"脸书"等社交平台上传播,简要内容如下:

1. 任何族人在任何地区出售土地须向族议会报备;

2. 族议会会组织对售卖者进行调查;

3. 售卖土地须经族议会同意方可进行;

4. 不履行这一义务的族人将不再被当作拉贾比族人。

无论是将巴以之间的土地流转称为"交易"还是"欺骗",无论是通过法律还是家族来管理土地,我们可以看到以色列在为领土概念"做减法"的同时,巴勒斯坦人在"做加法"。司法逻辑下土地的抽象一致性、可计算性和可分割性与家族逻辑下土地的丰富性与整全性形成了冲突,这一冲突与巴以冲突既相似又有差别。相似在于其依旧是围绕着领土展开的争夺,尤其是东耶路撒冷的巴勒斯坦人将土地视为不可分割的领土,宗教、族群等因素依旧影响着土地的归属。差异在于领土争夺不是军事暴力而是一种国家和家族层面的政治技术,与传统的政权之间的对抗不同,我们可以清晰看到领土的内涵如何在日常斗争中不断发生变化,并非是主权直接占有的对象,而是作为一个积极因素参与到权力关系的不断再生产和变革之中,既包括以色列政府和东耶路撒冷的巴勒斯坦居民之间的关系,也包括了东耶路撒冷阿拉伯家族之间及其内部的关系。

三、日常生活中的土地之争:家族与个人

正如文章一开始就强调的,领土内涵的复杂化使得我们不能只在民族国家层面讨论巴以之间的领土之争,而是要将领土视为在不同主体之间构成社会-空间关系的重要因素,从而注意到不同主体之间的土地逻辑差异。在东耶路撒冷的阿拉伯家族之间甚至是同一家族内部也同样存在着土地争夺。这些争夺表面上看与巴以之间的领土争夺没有太大关系,但事实上却是领土争夺在家族及其内部的延伸和变化,由此,我们可以在新的层面审视巴以冲突。

位于榄村主街中段有一处侯赛尼家族的土地,约 15 亩,这块土地的东一半现隶属于绥叶德家族,西一半被艾布浩瓦家族占据。两部分土地被其他家族占据的时间和方式却并不一致。1967 年"六日战争"后,榄村的许多土地被各家族争抢,因为许多

家庭因战乱外逃约旦。这块侯赛尼家族土地的东一半当时是一家约旦电视台,战后所有者离开,建筑变成废墟,成为瘾君子的据点。随后绥叶德家族看中了这块土地,直接抢占,村内的其他家族自然不能接受,发生了多起流血冲突,后来绥叶德家族得胜,人们也不希望再次发生冲突,便允许绥叶德家族占有土地。事实上,"六日战争"后,许多人逃亡或在战争中死去,大量房屋和土地被闲置或从来没有被开发,成为家族随意争抢的对象,但土地的重要性并未凸显,直到80年代西岸人口大量涌入耶路撒冷务工,土地开始成为稀缺品。

在这一语境下我们似乎很难看到巴以冲突中土地对于阿拉伯家族所带来的沉重内涵,似乎领土在这里被还原为一个单纯的土地财富,引发不同家族在法律制度之外的持续争夺。但除了关注到往往被看作铁板一块的阿拉伯家族所存在的土地争夺,从而在更微观的层面观察耶路撒冷领土议题的多样性之外,我们更要注意到这一家族之间的土地争夺其实是"六日战争"的一种延续。巴以之间的领土争夺在表面上的战争结束之后其实并没有消失,而是被转化到了家族层面,以一种财富争夺的形式展开,而在上一个案例中土地的财产性质却不占有重要地位。

但这一土地财富争夺的故事尚未终结,2011年所发生的变化使得个人因素也加入其中。

侯赛尼家族这块土地的西一半却并不是在同一时期被占有的,而是在2011年,艾布浩瓦家族发现这块土地和房屋长期闲置,本族人口居住空间有限,于是进行占有,他们清扫了房屋、整理了土地并种植了树木,这块土地约有7亩。侯赛尼家族发现土地被占有后,通过法律途径试图夺回,伊斯兰民事法庭宣判土地应归还侯赛尼家族,但艾布浩瓦家族认为他们种植了树木、修整了土地、投入了人力,除非侯赛尼家族支付一笔善后费,他们才答应归还,价格为20万美元。侯赛尼家族答应给钱,但价格太高,于是两个家族计划于 2017 年 8 月委派代表进行谈判。在此之前，艾布浩瓦家族从土地上撤离，土地归还给侯赛尼家族，侯赛尼家族赶紧修建了围栏，但双方都不允许对方擅自进入和开发土地。

侯赛尼家族的代表名叫易卜拉欣，他同时也是侯赛尼地对面一所学校的保安，侯赛尼家族支付他 1000 美元帮助看守侯赛尼地，不许外人进入，有趣的是他是艾布浩瓦家族的人。易卜拉欣作为村内小有名望的协调人对此事非常尽心，他在早上坐在艾布厄纳姆家族族长常去的咖啡馆等他，并向后者陈清，希望可以得到村内更多家族的支持，尽可能地把价格压下去。易卜拉欣在谈判前预计可以谈到 15 万美元，不过 8 月 25 日晚谈判的结果更为乐观，双方以 10 万美元的价格达成协议，侯赛尼家族当场便支付了所有费用。

8 月 30 日，笔者再次遇到易卜拉欣时，情况却有了变化。他说就在前一天，有一个艾布浩瓦家族的人将一辆汽车挡在土地的出入口，并铺了一张席子躺在那里。他说他也为这块土地花过钱、出过力，也要给他一笔钱。侯赛尼家族的人给了他 200 谢克尔暂时打发他走，没想到那人拿出一张人员名单，说他是代表这些人来索取费用的，他们全部是艾布浩瓦家族的人，都为土地投入过，他们总共要求 13 万谢克尔。现在易卜拉欣每天晚上都要在土地外巡夜，以防有突发事情。

在新的一轮家族土地争夺案例中，我们可以发现冲突的手段已经不再是身体暴力和流血冲突，而是变为空间规划和诉诸法律。阿拉伯家族对于土地的争夺虽然使得土地与家族血缘紧密联系在一起，但是对照巴以冲突语境下土地与家族的关系已经发生了根本变化。在这个案例中土地并不是阿拉伯人内部自我保存的基础，而是家族发展壮大的依靠，或者更直接地说，土地（也可以说是领土）回到了其最基本的财富概念下，而争夺的最后解决也是通过将土地转化为货币的形式来实现。需要注意的是土地争夺之所以在阿拉伯家族之间愈演愈烈,原因是土地价格的不断上涨。两个因素推动着东耶路撒冷地价的不断上涨:一方面,以色列对于大量巴勒斯坦廉价劳动力的需求,后者支撑着耶路撒冷绝大多数的建筑和服务行业[1];另一方面,2002 年隔离墙的修建使得从西岸地区进入耶路撒冷变得十分困难,更多的巴勒斯坦人选择在耶路撒冷居住和工作,进一步推动了地价上涨。在这里,巴以冲突尤其是以色列针对巴勒斯坦人的生命政治(巴勒斯坦人作为廉价劳工以及隔离墙对巴勒斯坦人口日常流动的限制)在阿拉伯家族土地争夺中施加了重要影响。这依旧可以视为领土争夺的一种延伸,只是其展演的空间进入到家族层面。

在此案例中,还有一个值得关注的现象是家族内部的分化,或者说土地争夺中的个人参与。案例最后提到的新的争端,个人甚至越过了家族,不服从于家族的原则,这说明家族实际上并不能代表和决定所有成员的意志,在利益的驱使下,家族内部的分化同样会发生,人们希望在家族利益的基础上分配到属于个人的利益,但家族却并不能保障个人利益的最大化,这就导致土地争夺有可能不再以家族为主体。这种个体与家族之间的张力同样体现在协调者易卜拉欣的身上,他作为艾布浩瓦家族的成员却成为了侯赛尼家族的议事代表和土地保卫者,站在了本家族的对立面上,而这与其个人际遇息息相关。易卜拉欣本来是一名导游,年初他的独子因病去世,只有 16 岁,在他儿子去世前的一年多里,他停止了工作照顾孩子,且为治病花光了所有的积蓄,而在儿子去世后,他已经 6 个月没有找到工作,家里还有 3 个女儿和 1 个妻子需要照顾,直到最近他才获得一份当保安的兼职工作。易卜

---

[1]　Bornstein, Avram S., "Borders and the Utility of Violence: State Effects on the 'Superexploitation' of West Bank Palestinians", *Critique of Anthropology*, vol. 22, no. 2(2002), pp. 201—220.

拉欣本身便是热衷于社区事务的成员,并曾以成为未来族长为目标,但在糟糕的财政状况影响下,他选择出任侯赛尼家族的代表人,以获得丰厚的报酬。对于侯赛尼家族而言,由于自身相对弱小,委任对方家族的人出任谈判代表,可以避免与强大的地方家族直接发生对抗,并达成较好的预期效果。关于土地争夺的讨论进一步从家族层面进入个体生活层面,在个体层面,我们会发现个人对于家族和土地的认知发生着剧烈改变。

1990 年,拉贾比一族的亚金来到席村,购买了一块位于席村谷地的土地,大约花费了 15000 谢克尔,随后他将这块土地一半的所有权卖给了他的大哥穆萨利姆。亚金在自己的一半土地上开办了一间木工作坊,由于生意不错,经济上他一直是家中的顶梁柱;在大哥所有的另一半土地上,亚金为他的两个弟弟法罗基和迈哈穆德免费修建了房屋,平日里还不时接济几个兄弟,并提供在木工作坊工作的机会。现在,亚金的父母和他们 5 个儿子的各自家庭共同生活在这块土地上接近 30 年,这便是席村的拉贾比一族。

2017 年 8 月某日,亚金从市政厅请来两名土地测量师,他们在这块土地上标记出中段分界线,明确自己的范围,亚金计划在下个月建造一堵围墙,将自己的区域和兄弟们的区域分隔开来。笔者好奇地询问亚金一家为什么突然要划清土地、修建围墙,他们的回答是,现在家族人口众多,人们在他们家门口穿梭,尤其是小孩子嬉戏玩耍,喧闹不堪,令他们感觉到没有隐私。亚金的第三个儿子穆罕默德非常赞成修建围墙,他说"你看现在我们家门口,小孩子到处走,山羊(别人家的)也在院子里活动,院子根本没有利用起来,围墙建起来以后,我们可以种花,可以有安静的生活,阿纳斯(他的哥哥)也要结婚了,我们不可以像现在这样住"。

在上述的这一案例中,我们可以直观地观察到家族观念在拉贾比一族之内正在瓦解,尽管家族依然以群居的形式生活在一起,但围墙的修建意味着这种以共享土地为基础的家族式群居转向土地所有权明晰的邻里关系。对于土地的使用首先应当服务于个人小家庭的利益和选择,而不是大家族优先。在 90 年代初期,土地的概念在个体层面是模糊的,尽管亚金和他的大哥各自拥有一半的土地,但在日常生活中这并不是家族需要考量的逻辑,他们兄弟的房屋建造在大哥的土地上,而亚金为他的兄弟们义务建造了房屋,日常生活中处理土地的行动单位是家族而非个人。但在 20 多年后,为什么会发生这样一种突如其来的改变呢?亚金的二儿子艾哈迈德讲述了另一段原委。

2016 年,亚金的大哥穆萨利姆一家搬离了席村,他们在耶路撒冷的"富人区"贝伊特哈尼纳购买了一套房产,价值超过百万谢克尔。穆萨利姆是市政府的一名退休工人,退休前的工作内容主要是驾驶垃圾清理车。亚金的木工作坊生意在 2002 年隔离墙修建以后遭到巨大冲击,客户流失严重。同时,因为房屋无法办理合法的建筑证,在过去的 20 多年中亚金不停地接受巨额罚款,家庭的经济生活每况愈下,近年甚至不得不接受法院派遣的义务劳动,作坊的工作时间都无法保障。而在这种情况下,大哥穆萨利姆的购房行为刺激了亚金,亚金认为这些年来他一直在承担整个家族的义务,他为家族投入了巨大的财力和精力,而他的大哥,作为家中的长子并未对家族付出,反而悄悄地储存了财富,在退休后离开了家族,独自享受生活。

正是在这样一种情境下,亚金决定修建围墙,这块土地的一半不再是家族共享的土地,而是他可以任意处置,借以追求生活品质的全部财产。与家族之间的土地争夺相似,表面上看,亚金的决定是个人性质的,其目的是为了获得一种私人空间。但是我们需要注意到,隔离墙的修建和无法办理合格的建筑证才是亚金这一观念变化的根本动因。

大哥作为一名市政府的退休工人,选择到富人区购买一套房产这一行为不仅是对家族生活的远离,同时也是对以色列政府的"规训"的接受。大哥不再选择作为阿拉伯家族的一份子,而是变成了以色列的公民:一个政府部门的普通职工,退休之后出于家庭考虑而搬到环境更好的富人区,这种在一般社会所作出的正常选择,在东耶路撒冷的特殊语境下就显得很难被亚金接受。再者,隔离墙修建和无法获得建筑证则是以色列对于领土的空间规划,其大大影响到了亚金对于生活的掌控。在以色列针对空间的政治技术和法律实践之下,他难以适应,最终才企图选择回到一个所谓的"安静的生活"。这种对私人空间的向往,与一般意义上的西方公民社会的诉求并不相同,而是一种面对以色列的领土挤压(并非是直接诉诸暴力的,其核心特征是法律和政治技术)的不断后退,当然也同样是一种个人层面的政治技术。

从直接的巴以冲突转向家族甚至家族内部,领土争夺其实并没有消失,而是以更为多样和复杂的形式展开。在这种多空间层次的观察之下,土地作为一个宽泛的概念承载了对于领土的日常化思考,将非国家主体纳入研究视野中。巴勒斯坦人并非一个内部同质化的群体,而是在具体实践中存在各种差异和不同抉择的集体与个人,衍生出完全不同的土地实践。同时,这一宽泛化的土地争夺依旧可以理解为巴以之间领土争夺的延续,阿拉伯家族以及家族内部的个体差异都受到以色列针对土地以及土地上的人口的法律实践和治理术的影响,所以争夺始终具有领土/土地性质,只是空间层次变得更为丰富。

结语:巴以冲突的人类学叙事与新的解决路径

本文倡导从日常生活的角度理解巴以冲突并不是否认巴以冲突本身首先是国际政治层面的民族国家冲突,而是在讨论日常生活是否可以为我们全面地分析巴以冲突提供新的空间维度。

民族国家作为一个 19 世纪以来的概念如果说构成了巴以冲突的基本动力，并且结合宗教和族群两个概念形成了我们理解巴以冲突的基本框架，那么这一框架是不是唯一的，是否包含了巴以冲突的全部故事？本文从对领土这一概念的反思开始，不再简单认为领土与民族国家构成一种相互指认的关系，而是强调在一种有关领土的惯常的政治-经济和政治-战略逻辑之外要注意到领土作为一种法律形式和政治技术如何在非民族国家层面展开、塑造和调整。通过将对领土的理解从权力支配转向权力关系，领土不再是消极的民族国家的背景和界限，而是民族国家在不同层面和不同主体下展开的法律实践和政治技术。一方面可以看到在不同空间层面都在展开领土争夺，另一方面领土在不同空间层面塑造着多元化的主体。笔者希望将更具生产性的领土概念放入更为宽泛的土地争夺的人类学研究中，从耶路撒冷的田野民族志出发对巴以冲突进行重构。

首先需要承认的是市政建设而不是军事冲突成为了领土/土地争夺的焦点，日常生活的空间规划、土地购买、流动管理都是领土争夺的表现形式。以色列通过曲折的手段在阿拉伯社区中购得房产和控制土地展现了一种主权—法律的逻辑将巴以之间的领土争夺法律化，使斗争沿着合法—非法展开，领土争夺已内化到主权的日常实践中。巴勒斯坦人拒绝了这样的法律化的土地内涵，转而将土地与宗教和家族更紧密地联系在一起，构成了完全相反的领土逻辑。这种领土/土地争夺不仅存在于巴以之间，而且逐步转移到地方社会家族和个人层面。在此过程中土地作为财富的性质重新被挖掘，但其背后依旧受到以色列法律实践和政治技术的强烈影响，家族冲突和个人抉择在某种程度上复刻了巴以领土争夺。

一个空间层次更为多元、参与主体更为多样的巴以冲突画面得以呈现，民族国家之间的军事冲突虽然依旧存在并且在短时间之内无法消弭，但这并不代表巴以冲突只能以军事斗争的形势延展；宗教和族群虽然是冲突的重要因素和话语，也绝不意味着所有冲突都只能围绕着宗教和族群的差异进行。在本文中，非军事暴力的冲突在日常生活中展演，原先被视为同质化的群体表现出内部的多样性。由于领土概念的内涵已经跳出了经济积累和军事争夺的民族国家空间范畴限制，转化为政治技术的形式，因此巴以冲突格局可以提升为一种将国家冲突、家族冲突和个人冲突整合到一起的立体框架。冲突在宏观和微观之间相互联系，也促成了国际政治与人类学之间的对话，最终指向对空间认知的突破。如果我们承认空间是具有生产性的，那么仅仅只在国家层面或者仅仅针对作为主权标志的领土空间来讨论巴以冲突便显得过于简单，而日常化的博弈、互动与竞争同样是巴以冲突的重要表现形式。

　　进一步说，这不仅涉及我们如何理解巴以冲突的问题，同样也关乎我们如何思考解决的路径，有两个必须回答的问题。其一，巴以冲突的争端是领土的争端还是人的争端？如果我们仅仅将其视为国家层面的领土争端，那么解决的路径无非就是在建国问题上进行着几乎"零和"的博弈（一方得到意味着一方失去），领土也就只能仅仅意味着一个国家的主权范围。但是如果我们深入到巴以领土斗争的日常层面，从更为宽泛的土地斗争入手，关注法律实践、市政建设、家族利益以及个人抉择等因素，领土本身切割和分配或许就不再那么重要。反之，重要的则是如何承认必然存在的他者以及如何在同一个政治空间下安排他者。领土争端的背后包含了主权意义上的诉求，但其中不容忽视的还有主权之外的各类群体与个体生命政治意义上的诉求。如果空间并不完全是主权司法模式下被争夺的客观事物；而是一种生命政治模式下的权力关系得以不断生产和重组的能动因素[1]，那么领土争

---

① 〔法〕米歇尔·福柯著，佘碧平译，《性经验史》，上海人民出版社，2005 年版。

夺就绝不仅是争夺领土,而是以争夺领土的方式来重塑我者与他者的关系;土地不是被争夺的对象,而是其空间尺寸和内涵不断变化的人的关系的场域。所以,土地的政治根本上是人的政治,领土的争端事实上是人的差异性的争端。

其二,巴以冲突中谁才是敌人?这关乎到谁可以决定敌人。在传统叙事中,巴以之间的敌对关系被视为思考的前提,双方的敌对关系是由一种同质化的对民族国家的设定所决定的。但是本文的民族志材料呈现了另一番图景:巴以冲突并不构成全部领土/土地争夺的图景,对民族国家的设定并不能完全决定各自对敌人的判定。主权之间的敌对事实无法涵盖地方社会日常生活中“敌人”的多样化和场景化,而这反过来则对巴以之间以族群来确立的冲突“断层线”提出质疑。可以说,与谁为敌以及何故为敌并不是一个“主权决断”①的结果,而是日常生活逐步展演的动态过程。如果不再有一个绝对意义上的敌人,也没有一个确定敌人的至高权力,那么企图采用领土分割来实现最终解决的方案就注定是南辕北辙。如果我们承认巴以冲突中没有唯一的敌人,那么这一冲突也不再是不可调和,而只是敌对关系的不断调整和转移。敌人虽然无法彻底消失,因为敌我关系并不是绝对意义上的,而是我者和他者之间一种激烈的表现方式,但是同时敌对关系永远指向一种无敌对的可能性。②

---

① 近年来西方社会学和人类学领域已经开始重视将卡尔·施米特的“主权决断”的相关理论运用到对异文化群体的研究中,尤其关注他者如何被识别为敌人,如何在不同群体之间形成“生命政治边界”(bio-political border)。主权不仅管理着领土,也意味着对领土空间内的差异性群体的治理,其不断设立“边界”对各种群体进行识别和分类,从而发现“敌人”。参见:Vaughan-Williams, Nick, "The Generalised Bio-political Border? Re-conceptualising the Limits of Sovereign Power", *Review of International Studies* 35. 4, 2009, pp. 729—749。

② 〔法〕雅克·德里达、〔法〕安娜·杜弗勒芒特尔著,贾江鸿译,《论好客》,广西师范大学出版社,2008 年版。

　　以色列的土地"诈骗"、家族为土地"立法"、穆萨利姆的"远走高飞"以及亚金对"安静生活"的追求都是领土/土地争夺的一种政治策略,其与军事暴力无关,也不存在单方面的压制和支配,而是寓意了巴以之间权力关系的可能性。所以,围绕着土地的巴以冲突日常叙事在论述空间上所做的尝试,指向的是如何以人类学的视角重新理解冲突双方的权力关系,其不必是你死我活的,也不必是单向度的,而是共生性的,也是关系性的。在这样的权力关系下,生命政治的政治技术相比领土政治的军事暴力在日常生活中扮演着更重要的角色。如果我们愿意承认对巴以冲突的解决旨在理顺社会秩序,而不是简单的建立某个民族国家,进而创造理想的日常生活形态,那么,领土/土地争夺的人类学分析也就有可能引向一条新的解决路径。

　　作者简介:赵萱,中央民族大学民族学与社会学学院副教授。

乌兹别克斯坦"马哈拉"的研究综述

阿依努尔·艾尼瓦尔

　　马哈拉（Mahalla）[①]一词，有人说源于阿拉伯语，译为"地方"。塔吉克语中，马哈拉指的是"城市和农村的一部分"[②]；在 1981 年出版的乌兹别克语大辞典中："马哈拉是狭窄的道路，是涵盖沿着街道居住的居民的街的一部分"[③]；在《维吾尔语详解词典》中马哈拉的含义是"在城市或农村，包括几个街道的（居住）小区"[④]，而《维吾尔民俗学概论》一书将马哈拉的概念界定为"由家族和亲戚关系组成的同乡性质的社会共同体及其组织"[⑤]。新疆大学的热孜万在文章中提到："马哈拉指中东及中亚信仰伊斯兰教的国家和地区特有的一种传统居住小区。这种小区具有悠久的历史和

　　① Mahalla 的中文译法不同，有作"玛哈利亚""玛哈拉""麦海莱"等，本文译为"马哈拉"。

　　② Lyudmila Polonskaya and Alexei Malashenko, *Islam in Central Asia*, Reading：Ithaca Press，1994，p. 95.

　　③ Z. M. Ma'rufov, *O'zbek tilini izohli lug'ati*, IIS-H, Moskva：Rus tili nashriyoti, 1981，p. 457.

　　④ 阿不力孜·牙库甫等：《维吾尔语详解词典（维吾尔文）》，北京：民族出版社，1992 年，第 157 页。

　　⑤ 阿不都克里木·热合曼：《维吾尔民俗学概论（维吾尔文）》，乌鲁木齐：新疆大学出版社，1989 年，第 300—302 页。

传统,是人们重要的生活区域。从中国现代社会结构的认识方面看,可称之为'自然社区'";①中国社会科学院民族学与人类学研究所阿比古丽指出:"麦海莱特指穆斯林城镇的街区或农村中的自然村落,是构成穆斯林社会的基础空间和社会单元。城市中的麦海莱多由一条主街和数条支巷组成,在空间上与街道往往难分彼此,故喀什老城里的'某某阔恰(kocha,街)'除了指称街道以外,也经常用来指称麦海莱,所以又有'阔恰-麦海莱'这样的说法"。②

　　从这些对马哈拉的定义中可以看出,马哈拉的含义涵盖地理性的解释,强调其是地域空间的居住小区,是具有血缘或地缘关系的地域共同体。

　　那么,乌兹别克斯坦马哈拉到底是什么? 是否只是地域共同体、生活共同体? 只有通过乌兹别克斯坦马哈拉研究的文献梳理和发展史的整理,才能回答这个问题,并深入地、整体性地理解马哈拉的实态和存在的意义,从而,才能够在民族志研究中以马哈拉这条主线,贯穿于国家在变迁中的历史连续性。

　　关于乌兹别克斯坦马哈拉的研究可分成四个部分,即沙俄时期、苏联时期、苏联解体之后的研究,以及俄语和乌兹别克语之外的外文研究成果。

一、沙俄时期的马哈拉研究

　　这个时期是马哈拉研究中不可或缺的重要部分。其中苏联学者苏哈雷娃所著《后期封建都市布哈拉地区的共同体(Mahal-la)》③至今被视为中亚传统社会组织研究的前沿力作。作者通过

---

① 热孜万·阿布里米提:《南江村落马哈拉的传统社会结构》,《西北民族研究》,2017年第4期。

② 阿比古丽·尼亚孜、苏航:《喀什老城麦海莱(mehelle)空间文化的变迁与调适》,《青海民族研究》,2017年第2期。

③ Сухарева О. А. Квартальная община позднефеодального города Бухары: В связи с историей кварталов. Москва, Наука, 1976.

10 世纪到 19 世纪的文献资料，描述了布哈拉城市居民的日常生活并对所有马哈拉进行了分类和详细说明。她在 1947 年展开研究，在梳理文献之外，还记录了人们的历史记忆，因为当时马哈拉已经消失，被 16 个管理机构替代。作者认为马哈拉是研究城市的钥匙，因为民族学研究中每一个访谈对象对其所居住的马哈拉最熟悉，所以信息来源可靠。通过对居民进行访谈，她了解到每一个马哈拉两三百年的历史和当地居民的生活状况。作者以布哈拉城市作为个案，通过研究居民的日常生活和历史来把握其他中亚城市的历史。作者对布哈拉城每一个马哈拉的地理位置、房屋数量、土地状况、居民职业以及清真寺、朝拜地等进行了详细的记录，并指出，在布哈拉城区基本没有农业，马哈拉是因职业类型形成的紧密的关系网络。

除此之外，马雷斯基、马耶夫、什什金（В. А. Шишкин）、阿扎达耶夫、多布罗斯米洛夫、穆罕默德卡里莫夫都详细记载了当时中亚都市的构造和马哈拉的具体名称，这些信息传递了马哈拉的原状，对研究马哈拉的历史背景有很大的帮助。

其中，穆罕默德卡里莫夫的《塔什干地名志》[①]一书里介绍了 2200 年以来在塔什干具有重要历史和文化意义的河道、果园、部落名称、迁徙相关的地名。

另外，马雷斯基在《塔什干的马哈拉和郊区》[②]一书中对 1895—1927 年的塔什干马哈拉、河道、郊区、巴扎（集市）、街道等地名进行了统计和分类解释，基本上塔什干市里 95% 的地名都已被记录下来，而且这些地名是作者走街串巷徒步 800 多公里记录的。作者在书中除了介绍马哈拉，还记录了郊区，即位于市外的

---

① Мухаммадкаримов А. Тошкент бўйлаб торонимик саёхат. Тошкент, "Академия", 2000.

② Маллицкий Н. Г. Тошкент махалла ва мавзелари. Тошкент, Ғафур Ғулом, 1996.

但属于市内人的土地，那里有市里人在夏天去乘凉休假的果园。

马雷斯基认为记载有塔什干旧城区马哈拉的名称的第一份文件是在马耶夫的《中亚塔什干》[①]一文中。马耶夫利用官方文件，记录了 159 个马哈拉，此文章对塔什干的地理位置、河道、农田、大门、城墙、区域，以及每个区域内的马哈拉、马哈拉内的房屋和人口数量、居民生产方式、清真寺、朝圣地的介绍、贸易、土地权、土地划分等进行了详细的说明。

什什夫（A. П. Shishov）在《萨尔特人》（Сарты）中记载了 154 个马哈拉的名称，并纠正了马耶夫研究中的错误，对当时的萨尔特人（sart）进行了民族学人类学研究，记录了他们的居住地理环境、气候、植物，塔什干城市的历史、语言、人口、房屋构造、服饰、食物、农业、园林、畜牧、狩猎、手工业、宗教、习俗、节日、疾病以及当地的女性和儿童等，其中对手工业进行了更详细的分类说明。阿扎达耶夫的《19 世纪后半期的塔什干》[②]一书介绍了 19 世纪后半期俄罗斯入侵塔什干前后的历史、社会经济和政治状况，以及塔什干人口的增长、城市的经济发展、当地居民反抗俄罗斯入侵的经历，该书还大量使用文献资料和照片，并附有 1890 年的城市规划等内容。多布罗斯米洛夫的《历史上与现在的塔什干》（1912）[③]一书介绍了塔什干市从 7 世纪到 20 世纪初有关政治、社会、经济、文化方面的历史，尤其是 19 世纪末到 20 世纪初塔什干市的管理制度、经济收入与支出、学校、国家机构、宗教场所和其他相关问题。

以上的文献最大的贡献在于详细记载了当时中亚都市的构造和马哈拉的具体名称，这些信息传递了马哈拉的原貌，对研究

①　Маев Н. А. Осиё Тошкенти-Азиатский Ташкент，Туркистон ўлкаси статистикаси учун маълумотлар，1876 йил，4 чи киш-Материалы по статистике Туркестанского края.

②　Азадаев Ф. Ташкент во второй половине XIX века. Ташкент，Фан，1959.

③　Добросмыслов А. И. Ташкент в прошлом и настоящем. Ташкент，1912.

马哈拉的历史背景有很大的帮助。但是,这些研究缺乏对马哈拉内外关系网络的关注。其次,多数作者并没有融入到当地人的生活中做细致的研究,只是做了很浅显的搜集资料的工作,在阅读文献时可以看出,他们将俄罗斯的社会和制度视为优越的,而将当地看成是未开化的地方。除此之外,多数文献的作者都是从沙俄派去的官员、军人或研究者,他们对当地人的生活状态是以一种俯视的姿态去解读的,用主观视角进行的分析,所以有必要留意其客观性。然而,这些资料作为信息源是很有价值的,反映了当时社会现实的部分情况。

二、苏联时期的马哈拉研究

1917 年经过俄罗斯改革之后进入了苏联时代,此后关于马哈拉的研究逐渐发展起来,这些研究将都市构造的研究和都市市民生活的研究综合起来。但是,50 年代之前相关的研究成果并不多,而从 50 年代之后的研究旨趣主要集中于苏联发现了马哈拉的重要性并开始利用它的过程,对马哈拉的研究已经开始有了新的变化。

其中,尼绍诺夫,科肖科夫,K. 拉莫诺夫,艾赫迈多夫,奥奇洛夫,科米洛夫,R. 拉莫诺夫的研究表明,以马哈拉为中介国家可以对当地居民进行政治、文化教育,因此他们呼吁重视马哈拉的价值并将其复活。其中,尼绍诺夫的《马哈拉社会-政治问题》(1960)[①]一书介绍了 1950 年代乌兹别克斯坦塔什干市有关马哈拉的社会和政治问题。苏联时期共产党将马哈拉变成政治基地,宣传讲解政治,举办各种研讨会,通过问答竞赛和读书会的形式

---

① Нишонов Р. Махаллалардаги оммавий-сиёсий ишлар. Тошкент, ўзбекистон ССР Давлат нашриёти, 1960.

提高居民的积极性。除此之外,文化教育和技术培训也成了马哈拉的重要任务之一,作者尤其将重点放在了为女性开设技术培训班和传授健康卫生知识相关的问题上。

科肖科夫、K.拉莫诺夫和艾赫迈多夫共著的《马哈拉的教育》(1970)①一书主要讲述马哈拉与共产党、共产主义青年同盟之间的关系,马哈拉中自发组织形成的共青团重视青少年的教育,邀请年长者、教育家以及女性代表协助工作,并得到了马哈拉居民的积极配合和好评。奥奇洛夫的《公共自治管理:经验与问题》(1990)②一书介绍了如何组织地方政府的经验和问题,强调了马哈拉顽强的生命力和存在的意义,进而呼吁各界人士要重视马哈拉的文化价值并使其复活。

科米洛夫的《马哈拉委员会》(1961)③一书中介绍了马哈拉委员会的管理制度、权利和义务。当时马哈拉委员会的基本工作是:1.开具住处、家庭情况以及其他证明;2.将政策传达给居民并协助实施;3.马哈拉的绿化工作;4.登记居民人数,并帮助整理参与竞选人员的信息;5.协助调查居民上访事实的工作;6.组织马哈拉居民去农村帮助农业生产工作。当时的马哈拉有以下的委员会:卫生控制委员会、财务委员会、文化与教育委员会、妇女委员会、儿童教育委员会、维护公共秩序委员会。

R.拉莫诺夫是一位记者、马哈拉的长老、人民代表,他在《我们的马哈拉》(1970)④一书中,通过自己在工作中的所见所闻和所想,将人们的生活和气氛都描写得淋漓尽致。除了描述了马哈拉

---

① Қўшоков М., Рахмонов Қ., Ахмедов М. Махаллада тарбия. Тошкент, Ёш гвардия,1970.

② Очилов Ш. Г. Ижтимоий ўзини ўзи бошқариш：тажриба ва муаммолар. Тошкент, ўзбекистон,1990.

③ Комилов К. Махалла комитетлари. Тошкент, ўздавнашр,1961.

④ Рахмонов Р. Бизнинг махалла. Тошкент, ўзбекистон,1970.

的原貌,他还记录了政权和马哈拉的关系。60 年代马哈拉在传播共产主义思想的同时,进行反对旧思想、旧习俗的运动,以及将女性从家里引入社会、关注青少年健康、改善城市环境等一系列工作。

　　而乌迈尔罗胡诺夫,塔夫洛夫,吾买尔霍加耶娃,比利尼斯基,阿克玛洛娃的研究侧重于对马哈拉日常生活的记录,尤其是对人生仪式的描述,并总结管理马哈拉的工作经验。在《马哈拉与偏见》(1964)①一书中,乌迈尔罗胡诺夫对 1960 年代人们日常生活中残留的旧宗教传统进行了介绍。他将旧宗教传统评价为"毒害",对其残留的原因、对社会发展和社会主义建设者的世界观的影响进行了论述,对铺张浪费的现象提出了批评,并建议应该学习新城区马哈拉组织的俱乐部婚礼模式。塔夫洛夫在《马哈拉委员会和共产主义教育》(1971)②中赞美共产主义带来了幸福生活,严厉批评了传统习俗中铺张浪费的婚俗,介绍了许多马哈拉居民中先进工作者的优秀事迹。吾买尔霍加耶娃是一位教育先进工作者,是塔什干市 Sharq yulduzi 马哈拉的长老,她的《我们的马哈拉》(1985)③一书主要介绍了她管理 Sharq yulduzi 马哈拉的工作经验。比利尼斯基的《马哈拉:一个作家的见闻》(1988)④,阿克玛洛娃的《我们马哈拉的妇女们》(1988)⑤也都是这样的一类书籍。

　　这个时期,研究者多以乌兹别克人居多,由于自身条件的便利可以进入马哈拉内部,呈现马哈拉内部生活的变化和多样性。

---

　　①　Умарохунов Н. Махалла ва хурофот. Тошкент, ўзбекистон. 1964.

　　②　Тохиров Ш. Махалла комитети ва коммунистик тарбия. Тошкент, ўзбекистон КРМК нашриёти, 1971.

　　③　Умархўжаева О. Бизнинг махалла. Тошкент, ўзбекистон, 1985.

　　④　Брынских С. Махалла: Заметки писателя. Ташкент, 1988.

　　⑤　Акмалова С. Махалламиз аёллари. Тошкент, ўзбекистон, 1988.

他们关注的重点是女性和传统习俗中的"陋习",将传统视为"落后的、陈旧的"。乌兹别克作者对当地人的生活最为熟悉,将生活细节描写得淋漓尽致,其中包括了导入马哈拉内部的"苏联式的""现代式的"礼仪。从他们的著作中可以看出,作者支持苏联共产党的思想,共产党推行的有关马哈拉的现代化政策具有正当性。另外,从研究中可以看出,马哈拉是共产党、政府机关、共产主义青年同盟的下属机关,这在一定层面上反映了当时的政治议程。

三、苏联解体之后的马哈拉研究

乌兹别克斯坦独立之后,国家和社会对马哈拉的态度都有了很大的变化,因为马哈拉在维护社会稳定和摆脱俄罗斯文化方面都发挥着重要的作用。在重新塑造乌兹别克民族身份的政策指导下,90年代后期政府以国民教育和社会安定为目的出版了一系列支持马哈拉政策的研究成果。

《马哈拉长老的职责手册》[①](1994)这个小册子在最新出台的"有关公民自治组织"法律基础下,明确了马哈拉长老的工作任务。扎利洛夫的《革新时代的马哈拉》(1995)[②]对复活马哈拉相关的法律以及给予的新的角色进行了讨论。作者提出,马哈拉不能在没有法律支持的状态下存在,在给予马哈拉权利的同时还要对国家机关和居民负责,就这样研究者提出马哈拉的自立性。

2000年开始研究者们积极研究乌兹别克斯坦各城市传统马哈拉的存在形式。这些研究主要集中在保护传统民族文化、青少年的教育、预防宗教极端思想的渗入、提高女性的教育水平和权

---

① Махалла йиғинлари раислари фаолиятининг асосий йўналишлари. Методик кўлланма. Тошкент шахар Мирзо Улуғбек тумани, 1994.

② Жалилов Ш. Махалла янгиланиш даврида: ўзини ўзи бошкариш идоралари тажрибасидан. Тошкент, Мехнат, 1995.

利、对困难家庭给予物质和精神上的帮助、调节家庭纠纷和邻里
关系、失业人群研究等。

霍贾赫梅多夫的《马哈拉道德》(2001)[1]一书从传统文化和宗
教角度对马哈拉居民应该如何生活在一起、邻里之间该如何相处
等道德方面进行了教育,书中大量运用了谚语[2]和名人名句。阿
里夫哈诺娃主编的《塔什干的马哈拉:传统与现代》[3]一书介绍了
乌兹别克斯坦塔什干各马哈拉的现状、历史变迁过程及其原因。
除了对 20 世纪马哈拉的地位、任务、族群结构、居民人口构成等
的描述,他特别强调独立之后马哈拉作为公民自治机构在人生礼
仪、家庭内关系、青少年教育等方面的影响。

2003 年为"马哈拉年",乌兹别克斯坦政府出版了许多有关马
哈拉改革的文献,发布了有关马哈拉的诉求的重要法律,也开展
了一系列马哈拉工作。同时,各个马哈拉都出版了描述自己居住
地域生活的研究成果,居住在马哈拉、见证马哈拉变化的亲历者
在马哈拉的支持下将其著作出版。这些文献主要讨论马哈拉组
织人民生活的方式以及人们支持马哈拉的原因。

其中,贾利洛夫的《强国引导强的社会》[4]一书强调"强国引导
强社会"口号对政府的重要性,国家和马哈拉共同为居民提供福

---

① Хожиахмедов А. Махалла одоби:жамоат бўлиб яшаш одоби. Тошкент,Мах
алла жамғармаси,2001.

② "Айрилмагин элингдан,кувват кетар белингдан","Эл тилагини тила,синик кў
нглини сийла","Элга кўшилган эр бўлур,элдан ажраган ер бўлур","Халкхукми-Ҳа
кхукмидир","Ҳашар-элга ярашар","Эл бокса бахтинг кулар,эл бокмаса тахтинг к
улар","Элдан айрилгунча жондан айрил","Гилам сотсанг кўшнингга сот,бир четида ў
зинг ўтирасан","Ён кўшни-жон кўшни","Уй сотиб олма-кўшни сотиб ол","Дилозордан мах
алла безор","Қуш уясида кўрганини қилур".

③ Тошкент махаллалари:анъаналар ва замонавийлик(тарихий-этнографик тадк
икот). Масъул мухаррир З. Х. Орифхонова. Тошкент,Янги аср авлоди,2002.

④ Жалилов Ш. Кучли давлатдан кучли жамият сари. Тошкент,ўзбекистон,
2001.

利。这本书提供了珍贵的数据和案例,但是没有将国家机关和自治组织马哈拉之间的新关系进行概念化表达。为了补充这一点不足,古洛莫夫在《马哈拉是市民社会的基础》①中不仅强调"国家机关指导的强社会",还强调"市民指导的国家制度",并为各地的马哈拉居民是否利用法律手段确保了自己的权利提供了信息。

马塔穆尔多娃和 G. 伯曼(G. Berman)合著的《马哈拉是国家的基础》(2003)②一书中介绍了马哈拉的历史、现在,总统关于马哈拉的法令、居民行为准则③以及"马哈拉年"将要举行的活动(知识竞赛、诗歌朗诵、展览、茶话会、专题交流、话剧、音乐舞蹈等)和具体流程。

除此之外还有穆萨耶夫的《莎穆斯伯德马哈拉的历史、现在和将来》④,哈菲佐夫、肖德莫诺夫的《马哈拉——市民社会的基础》⑤,塔吉博耶夫的《变成模范的人生》⑥,艾赫梅多夫、戈弗罗夫的《作为国民的重要的价值观的马哈拉》⑦。穆罕默德卡拉姆夫写的《塔什干地志》⑧(2004)以传统礼仪和近邻关系作为主要研究对象,对塔什干各地的地名的意义进行了说明。像这样的地域性的活动,为马哈拉研究提供了很重要的信息。

---

① Ғуломов М. Махалла-фукаролик жамиятнинг асоси. Тошкент,Адолат,2003.

② Матмурадова М. ,Берман Г. Маҳалла-Ватаннинг табаррук остонаси(кўлланма). Тошкент,Навоий кутубхонаси,2003.

③ "Ҳар бир мусулмоннинг бош ка бир мусулмон олдида олтита хаки бордир:1)учрашганда саломлашиш;2)мехмонга чакирса бориш;3)маслахат сўраса бериш;4)аксирса соғлик тилаш;5)касал бўлса йўклаш;6)вафот этса дафн маросимига катнашиш". 12 бет.1. 见面问好;2.应邀做客;3.对咨询者给予建议;4.打喷嚏时祝好;5.生病时探病;6.参加葬礼。

④ Шамсиобод махалласи:ўтмиши,бугуни,истикболи. Ташкент,2003.

⑤ Ҳафизов Т. ,Шодмонов Қ. Махалла-фукаролик жамиятининг асоси,Фарғона,Фарғона нашриёти,2003.

⑥ Таджибоев Р. Ибратга айланган умр. Жиззах,2004.

⑦ Ахемдов Д. ,ғофуров З. Махалла ноёб миллий кадрият. Тошкент,2005.

⑧ Мухаммадкаримов А. Тошкентнома. Биринчи китоб. Тошкент, Мовароунахр,2004.

　　2005 年之后才出版了一些有关马哈拉的学术研究,《塔什干马哈拉的现代民族和文化进程》①(2005)一书中介绍了塔什干马哈拉的居民生活、文化、传统工艺和居民的心理,并将其放入 20 世纪末到 21 世纪初的现代民族和文化进程去理解。研究者发现,这个时代的民族历史的变迁与苏联解体有关,马哈拉作为最基层的组织是探索这一变迁最好的切入点;除此之外,书中介绍了传统手工业和宗教复兴。作者提出,独立之后对马哈拉的研究发生了很大的变化,即从"欧洲中心论"和"传统文化是糟粕"的观念中解脱出来。苏联解体之后,乌兹别克人在以下六个方面有了变化:1.人民的民族意识;2.马哈拉、亲戚关系、邻里、职业等传统组织复兴;3.物质文化中开始出现民族特征;4.传统手工业开始复兴;5.传统节日开始复兴;6.宗教复兴。

　　伊马莫夫和波塔尤洛夫的《马哈拉管理》(2006)②主要关注了马哈拉中出现的政治、社会、经济问题,尤其强调了马哈拉对青少年教育的重要性。此书以简单有趣的经历作为案例,是供马哈拉工作人员学习的手册。《马哈拉的宗教教育和道德教育》(2006)③一书是马哈拉委员会对女性就宗教、就业、孩子教育、道德等方面进行工作的手册,其中还对一些宗教、与女性有关的关键词语进行了详细的解释说明。卡里莫娃和米拉赫美多娃的《马哈拉——家庭知识中心》④(2007)主要是为家长增长精神、医学、法律知识而编写的,2007 年是国家"社会保障年",强调关注母婴健康。穆苏尔莫诺娃和阿卜杜拉西莫娃的《马哈拉里女孩健康的生活方式》

---

①　Современные этнокультурные процессы в махаллях Ташкента. Под ред. Ш. М. Абдуллаева. Ташкент, Фан, 2005.

②　Имомов Е. З. , Бўтаёров О. С. Махалла бошкаруви. Тошкент, САЕ, 2006.

③　Махаллада диний маърифат ва маънавий-ахлоқий тарбия ишларини ташкил этиш. Тошкент, Махалла хайрия жамғармаси, 2006.

④　Каримова В. , Мирахмедова М. Махалла-оила илми маскани. Тошкент Давлат техника университети, 2007.

（2008）①一书帮助女性了解个人权利，对自身进行文化塑造，并介绍不同的与女性有关的 NGO 组织。

留日乌兹别克斯坦学者达德巴耶夫（T. Dadabaev）的《马哈拉的真实形象——中亚社会的传统与变迁》（2006）②对乌兹别克斯坦马哈拉进行了深入的研究，作者运用大量的文献和调查资料探讨了乌兹别克斯坦马哈拉的民族结构、政治议程以及马哈拉自身的优劣势等问题，对马哈拉和其他政治、社会、宗教组织之间的关系进行了探析。佩孜耶娃的《塔什干市乌兹别克传统与现代的葬礼仪式》③（2009）这篇博士论文中有一章节专门写了葬礼仪式中的马哈拉文化。《多民族现代城市的民族文化进程：塔什干为例》④（2011）一书介绍了在塔什干生活的乌兹别克、塔塔尔、俄罗斯、朝鲜、塔吉克、哈萨克等多民族的人口、迁移过程、语言方面的变化过程和他们的家庭与社会生活。除此之外，还关注了在塔什干生活的各民族的文化中心与其举行的活动。宗努诺娃的《塔什干乌兹别克物质文化：传统的变迁》（2013）⑤一书主要介绍了房屋、服饰、饮食的文化变迁，涉及马哈拉的邻里关系、人生礼仪、人际关系，作者指出，塔什干的物质文化可以被归纳为传统民族型、欧洲文化型和东方文化型。

在 2005 年之后的文献中可以看出来，研究者们的关注点多

---

① Мусурмонова О., Абдурахимова Ф. Махаллада кизларнинг соғлом турмуш тарзи. Тошкент, ўзбекистон, 2008.

② ティムール・ダダバエフ. マハッラの実像—中央アジア社会の伝統と変容 [M]. 東京大学出版会. 2006.

③ Пайзиева М. Тошкент шахри ўзбекларининг анъанавий ва замонавий мотам маросимлари. Тарих фанлари номзодлик диссертацияси. Тошкент, 2009.

④ Этнокультурные процессы в современном полиэтническом городе（на материалах Ташкента）. Отв. редактор Д. Алимова. Ташкент, Институт истории АН РУз, 2011.

⑤ Зуннунова Г. Ш. Материальная культура узбеков Ташкента: трансформация традиций（XX-начало XXI века）. Экстремум-Пресс, Ташкент, 2013.

在于马哈拉对教育问题进行的工作和文化变迁研究,尤其是,这些研究者作为苏联时期和苏联解体的亲历者,对物质文化、宗教、人生礼仪以及公民自治组织的发展有深入的了解,为我们提供了很好的研究成果。

四、俄语和乌兹别克语以外的马哈拉研究

在海外,有关乌兹别克斯坦马哈拉的研究也开始逐年增长。日本最初介绍中亚马哈拉的是小松久男的《关于布哈拉的马哈拉笔记》(1978)[1],近些年来,日本研究乌兹别克马哈拉的学者也渐渐增多,须田将[2](2004)对"市民社会"内在权力问题进行讨论。樋渡雅人[3](2010)通过与日本具有传统村落社会特征的"自治村落"作比较的视角,对乌兹别克斯坦地缘共同体马哈拉进行了探讨。河野明日香[4](2007,2008)对以传统文化和伊斯兰信仰为基础的孩子们的生活进行了全方面研究,并对宗教仪式在孩子们的社会化和文化继承过程中是否有影响且有多大程度的影响进行了解答。[5]

中国学者王明昌对乌兹别克斯坦马哈拉的形成、现状、扮演角色和影响进行了初步的探讨[6],在简单分析马哈拉的构建过程

① 小松久男,ブハラのマハッラに関するノート—O. A. スーハレワのフィールド・ワークから,『アジア・アフリカ言語文化研究』第 16 号,1978 年,179—215 頁。

② 須田将,「市民」たちの管理と自発的服従 — ウズベキスタンのマハッラ—,日本国際政治学会編『国際政治』第 13 号 8「中央アジア ・カフカス」,二〇〇四年九月。

③ 樋渡雅人,ウズベキスタンの『マハッラ』と『自治村落論』——地縁共同体の国際比較に向けて——,北 海 道 大 学,経済学研究,2010.9。

④ 河野明日香,ウズベキスタンの学校における地域共同体(マ ハッラ)の 教育 —政府のマハッラ政策 との関連て—,比較教育学研究第 35 号,2007 年。

⑤ 河野明日香.ウズベキスタンのマハッラ(地域共同体)と子ともの社会化 —イスラームを核とした社会性の習得と文化継承に焦点を当てて—,九州大学大学院教育学コース院生論文集,2008,第 8 号,17—36 頁。

⑥ 王明昌、吴宏伟:《乌兹别克斯坦传统社会组织马哈拉探析》,《世界民族》,2013 年第 5 期。

和社会作用的基础上,提出了对中国国家治理和基层社区建设有借鉴意义的几点思考①。可以看得出来,国内的学者也开始关注到马哈拉对研究中亚地区传统社会组织所具有的重要性。

　　艾布拉姆森②(1998),西弗斯③(2002)等也尝试对苏联解体后的中亚地区的马哈拉传统社会进行探讨,但其成果只停留在叙述和介绍的程度上。

　　迄今为止,对乌兹别克斯坦马哈拉的一些研究有着不同的目的,如评估其是行政或社会单位,其中包括史蒂之斯④(2005),凯穆⑤(2004),达德巴耶夫⑥(2016)的研究成果。还有一些研究集中于马哈拉在过渡时期作为行政或社会空间单位的作用。但是,研究并没有详细分析马哈拉结构、形成的原因和方式,他们只是被区分为传统和现代。还有关于行政系统分权的研究理想化了西欧现有的地方政府,并建议在乌兹别克斯坦建立类似的政治结构(马萨茹⑦,2006),凯吾尼其⑧(2012)的博士论文就是在长期田野调查的基础上,对权力下放是否成为乌兹别克斯坦新机构建设

————————

　　①　王明昌:《乌兹别克斯坦基层组织马哈拉》,《国际研究参考》,2017年第2期。

　　②　Abramson,David M. *From Soviet to Mahalla:Community and Transition in Post-Soviet Uzbekistan*,*Dissertation*,Indiana University,Indiana 1998.

　　③　Sievers,Eric W.;"Uzbekistan's Mahalla:From Soviet to Absolutist Residential Community Associations",*The Journal of International and Comparative Law*,Volume 2,Chicago 2002.

　　④　Stevens, Daniel, "NGO-Mahalla partnerships:exploring the potential for state-society synergy in Uzbekistan",*Central Asian Survey*,24:3,281—296,2005.

　　⑤　Kamp,Marianne,"Between Women and the State:Mahalla Committees and Social Welfare in Uzbekistan". *The Transformation of Central Asia*. *Ed. Pauline Jones Luong*,*Cornell University Press*,2004.

　　⑥　Dadabaev, Timur, Identity and Memory in Post-Soviet Central Asia:Uzbekistan's Soviet Past. *Central Asia Research Forum*. *Routledge*,2016.

　　⑦　Masaru, Suda;"The Politics of Civil Society, Mahalla and NGOs:Uzbekistan",2006,http://src-hokudai-ac. jp/coe21/publish/no10_ses/12_suda. pdf

　　⑧　Kavuncu,Ayşe Çolpan,*Socio-political transformation in Uzbekistan:a study of urban mahallas in Tashkent*. PhD Thesis,Middle East Technical University,Ankara,2012.

考察的解释性概念进行的批判性研究。

　　与乌兹别克斯坦有关的马哈拉研究一般与性别、社会援助、宗族结构、民主化、分权和社会政策有关,如米依①(2001),凯穆(2004),萨利霍娃②(2005),法蒂③(2006),菊田④(2016),蒂尔维萨尼⑤(2016)。尤其是米依和凯穆都将关注点放在了女性身上,因为作者认为在乌兹别克斯坦女性比男性更贫穷,尤其是离婚、寡妇、未婚母亲,或者是拥有大家庭的女性。由于传统思想的束缚、女性身体及受教育程度等原因,失业率也比男性高,这也导致男性的权力更高。于是,一些受过教育的、有较高身份的女性用自己的知识和经验开启了女性 NGO 事业的发展,她们提供女性经济、社会和政治相关帮助。萨利霍娃的硕士论文主要关注家庭传统,作者从伊斯兰文化和乌兹别克传统文化中解释家庭是社会的基石,并提出继承良好的文化才能塑造健康家庭。菊田将近些年马哈拉和社会发生的变化呈现了出来,作者认为全球化不仅给马哈拉的人生礼仪带来了影响,也给女性带来了变化。蒂尔维萨尼提出乌兹别克斯坦的婚礼仪式随着社会经济分化日益多样化,近期国家为了遏制仪式支出,防止社会两极分化带来紧张气氛,批评婚礼挥霍行为并采取了相应的措施,作者基于在费尔干纳进行的实地考察,讨论了当地对仪式支出的做法,以及此给生活和

----

① Mee,Wendy,Women in the Republic of Uzbekistan. *Country Briefing Paper ADB*,2001.

② Salikhova,Gulnoza,A Comparative Study of Traditional Families in Korea and Uzbekistan. *Thesis MPP. KDI School of Public Policy and Management*,2005.

③ Fathi,Habiba,"Gender,Islam,and social change in Uzbekistan",*Central Asian Survey*,25:3,303—317,2006.

④ Kikuta,Haruka,"Remittances,rituals and reconsidering women's norms in mahallas:emigrant labour and its social effects in Ferghana Valley",*Central Asian Survey*,35:1,91—104,2016.

⑤ Trevisani,Tommaso,"Modern weddings in Uzbekistan:ritual change from 'above' and from 'below'",*Central Asian Survey*,35:1,61—75,2016.

消费模式带来的变化。

小　结

　　正如我们所见,对乌兹别克斯坦马哈拉实地研究的学术成果并不多。沙俄时期大多数作者都是被派去的官员、军人或研究者,他们并没有融入当地人的生活中做细致的研究,只是做了很浅显的搜集资料工作,他们最大的贡献在于详细记载了当时中亚都市的构造和马哈拉的具体名称,还原了马哈拉的原貌。到苏联时期,关于马哈拉的研究得到了很快发展,将都市构造的研究和都市市民的生活研究综合起来,那是因为这一时期出现了一批乌兹别克研究者,他们生活在马哈拉里,对居民日常生活进行了记录,也关注了马哈拉和政权之间的关系。苏联解体之后,对马哈拉的态度不管是在国家层面上还是社会层面上都有了很大的变化,政府以国民教育和社会安定为目的出版了一系列支持马哈拉政策的研究成果。至此,有关乌兹别克斯坦马哈拉的其他语种的研究也逐年增长,学者们都已关注到马哈拉研究中亚地区传统社会组织所具有的重要性。

　　从马哈拉研究相关文献的梳理和其发展史中可以看出,马哈拉的历史悠久,和中亚南部绿洲的都市历史有紧密的关联,中亚都市的样态虽发生了变化,但马哈拉的样态并没有发生实质性的变化。乌兹别克斯坦共和国,经历了从汗国到殖民地,从殖民地到苏维埃加盟共和国,从加盟共和国到独立国家的政治体制的变化,权力者理解马哈拉的作用,即使在苏联时期也没有因马哈拉是非现代的运作组织而直接打压,最终选择国家制度和马哈拉共存的妥协方式。马哈拉被保留至今也是因为这个运作组织在各个时代都给与了存在的意义并发挥了作用。

　　在历史的发展过程中马哈拉被赋予了更多的内涵和任务,其发展过程也是几起几落。从汗国时期开始马哈拉就有了较独立的管理制度,人口开始增长,马哈拉也不断扩建;在沙俄时期,职业分工细化,马哈拉的边界开始模糊,直到苏联时期马哈拉的发展开始有了变化。尤其在苏联前期,马哈拉被视为在时代逆行的传统残留,起初被苏联统治者打压,但是在50年代之后,苏联政府发现马哈拉的利用价值,将其放置党、政府机关下属机关的位置,用于宣传共产主义思想。随着苏联解体,乌兹别克斯坦开始消除共产主义的思想,与之相关的机关的重要性也渐渐消失,乌兹别克斯坦政府对马哈拉的态度有了很大的回转,开始强化马哈拉的社会基础,用于活跃回归民族价值观的活动。就这样,马哈拉又成了乌兹别克斯坦民族文化、风俗习惯、传统价值观的保护者。1999年,马哈拉被确定为"公民自治组织",被给予了法律地位。

目前,乌兹别克斯坦全国共有约1万个马哈拉,遍布城市和农村,其大小和功能类似于中国现代城市中的社区,或农村的村委会。马哈拉-公民自治组织的结构明确,运行和操作方式复杂。其工作人员有马哈拉主席、责任秘书、宗教教育和精神道德教育问题方面的顾问、警卫各一名,他们都领取政府发放的工资;除此之外还有被居民选举并监督马哈拉主席工作的60名公民代表、15位公民议会理事、分别由9—15人组成的8个委员会成员(即公共监督与消费者权益保障委员会,创业和家庭就业委员会,妇女委员会,教育与文化委员会,调解委员会,社会支持委员会,生态环保委员会,未成年、青少年与体育委员会),这些都是为马哈拉"义务"工作的"志愿者"。马哈拉-公民自治组织是"非政府、非营利"性质的,名义上,与国家政府之间是合作关系,但是就笔者在调研过程中发现,除了合作之外,政府给马哈拉四位工作人员发放了工资,在工作过程中政府还具有引导、动员、规范和推进的功能。

对乌兹别克斯坦马哈拉的理解,横向来说,是作为社会空间单位是地域空间的居住小区、具有血缘和地缘关系的地域共同体,在马哈拉之间交往的边界中产生心理认同感,在这个意义上类似于费孝通先生对 communiti 的译文"社区"进行的解释:"西方经典社会学理论中社区是以认同的意愿、价值观念为基础的,血缘、邻里和朋友关系是社区成员合作的主要纽带,对其成员行为的控制通常是依据传统、习惯或乡规民约。"①纵向(从历史演变的角度)来说,是系统的、结构化的"公民自治组织"。所以,用乌兹别克语说"马哈拉"时,有人会理解成是自己居住的那条街,有人理解为自己所住的那片行政区域,也有人理解成"公民自治组织"。作为民族志对马哈拉的研究,只有将横向和纵向两方面综合起来进行研究,才能够对乌兹别克斯坦的马哈拉进行全面的理解,否则都是片面的。

作者简介:阿依努尔·艾尼瓦尔,北京大学社会学系人类学专业 2015 级博士研究生。

---

① 费孝通:《关于当前城市社区建设的一些思考》,《上海改革》,2009 年第 9 期,第 9—11 页。

三、公共的文化

东正教堂与文化宫:俄罗斯乡村公共空间的嬗变

马　强

引语:塞村的"两个中心"

　　位于俄罗斯中央黑土区[①]腹地的塞村坐落在比秋格河(顿河支流)岸边的高地上。一条连结附近两座小城市的公路从村中穿过,进村和出村路口都立着写有村名的标志牌,牌前竖立着硕大的东正教十字架,上书"спаси и сохрани"(拯救和庇佑),寓意上帝护佑着整个村庄。在俄罗斯,教堂的建立是村庄形成的标志。塞村在200多年前便有了东正教堂,塞村村志记载:"1797年,塞村有了第一个木教堂——圣尼古拉教堂(Церковь святого Николая Чудотворца)……在1880年代末,当时的领主斯坦科维奇划拨资金,按照瓦罗涅日建筑师设计的图纸建了将木教堂改建为砖石结构的教堂,并在它旁边建了教区学校。1898年,教堂钟楼悬挂大

---

　　① 中央黑土经济区(Центрально-Черноземныйэкономическийрайон)是俄罗斯联邦11个经济区之一,面积为16.77万平方公里。土壤肥沃,气候条件好,是俄联邦传统的农业区,区内40%的人口为农业人口。主要的种植作物有甜菜、玉米、大麦、燕麦和小麦。该区是俄联邦在欧洲中部地区的主要农产品基地和食品工业中心。

钟,从此,村落的上空飘荡着悦耳的钟声"。在 20 世纪 30 年代的集体化运动中,塞村教堂被毁,教堂长时间荒弃。集体农庄解散以后,教堂开始重建,2008 年正式开放。

图 1   塞村的圣尼古拉教堂外观

圣尼古拉教堂是塞村最高的建筑,站在教堂的钟楼上可以俯瞰全村。五颜六色的木屋、郁郁葱葱的草木和黝黑的土地俨然一幅俄罗斯风情浓郁的油画。以教堂为中心,周围的建筑构成了塞村主要的公共空间。教堂前广场曾是塞村人集会和休闲场所,教堂广场边是塞村学校,村邮政所、卫生所坐落在学校操场边。教堂广场西北侧是村供销社(сельпо),如今是塞村最大的商店。教堂东侧是村中的公园,公园里有卫国战争英雄纪念碑①和烈士墙。公园以东是小

---

①   卫国战争结束以后,俄罗斯几乎每个村庄都建立了卫国战争英雄纪念碑。每到胜利日的时候,塞村的红军老战士和村民都会在这里集会,烈士墓前的红星上燃起圣火,共同悼念牺牲的烈士。

酒馆和村公所，村委会、警察局和储蓄所都在村公所办公。

　　在塞村西侧还有一个"中心"。这里有一幢气派的大木屋，十月革命前，这是塞村曾经的领主贵族斯坦科维奇的家宅。木屋边有"林荫大道"，高大的枫树垂直挺拔，曾是斯坦科维奇家族的休闲花园。后来，这里成为集体农庄的中枢机构——执行委员会的办公地。旧照片上，木屋门口竖起的黑板上是密密麻麻的数字，门里门外都是忙碌的身影。如今，木屋已被废弃，门窗都被砖头封堵，房顶长满了野草。木屋东侧，便是塞村的文化宫（дом культуры），这是集体农庄时代建起的高大建筑，是集体农庄的文化基础设施，设有电影放映厅、图书馆、娱乐室、舞厅。近几年，因经费短缺、年久失修，文化宫已经关闭。直到我离开塞村的时候，它还没有开放。

图 2　塞村文化宫外观

　　在苏联解体前后的俄罗斯乡村，经历了制度变革带来的社会转型。在乡村，社会转型最为显性的标志便是公共空间的嬗

变——集体农庄时代的文化宫日益凋敝,东正教堂恢复重建。集
体主义所有制崩溃(集体农庄解散)以后,俄罗斯乡村社区面临着
权力和意识形态的真空,作为集体所有制体系下的重要组成部
分,文化宫没有了制度和资金的支持难以为继。与此同时,宗教
复兴浪潮席卷整个俄罗斯,在俄罗斯族聚居的乡村,东正教复兴
被视为制度转型的象征,东正教复兴的标志性事件便是一些教堂
和修道院的重建。而在百年前,苏维埃政权在乡村逐渐确立之
时,公共空间的兴废则是一个相反的过程——东正教堂被视为旧
体制的"毒草"被废弃,而文化宫被视为"新文化"的代表普遍建立
起来。一个世纪以来,东正教堂与文化宫的兴废不只是建筑空间
的拆与立,而是乡村中的权力和社会关系、社会秩序变迁的表征。
乡村社会变迁源自自上而下的国家权力和意识形态的重构,是整
个国家社会变迁的缩影,成为我们认识俄罗斯社会转型的有益视
角。人类学民族志方法为从细微处观察社会空间的研究路径提
供了机会,民族志材料提供空间生产实践的丰富素材,民族志的
洞察力又能在历史的脉络下思考社会转型中国家权力和民间力
量的互动、历史传统和社会现实的联接。

一、苏维埃时代:被捣毁的教堂和新建的文化宫

在 20 世纪 30 年代的集体化运动中,塞村教堂的命运发生了
改变。在集体化运动中,与集体所有制确立相配合的是塑造"库
尔图拉"①新人、消灭文盲运动和社会主义劳动伦理的灌输,与此同
时,苏维埃政权还掀起了宣传无神论和压制宗教仪式的运动。在当
时的无神论知识分子看来,宗教信仰是愚昧的,也是"没有文化"的。
土地的集体化运动和无神论运动齐头并进,"这一巨大的计划,同时

---

　　① 　культура,即"文化"。

也就是文化革命。被强大的牵引机所拖动的犁头，不但耕透几千万公顷肥沃的土地，且要同时打破当地的迷信宗教禁令和习俗"[①]。捣毁教堂则是这一系列无神论教育运动的标志性事件，在 20 世纪 20 年代末 30 年代初，和黑土区的很多东正教堂的命运一样，塞村教堂的圆顶被摘下，圣物都被运走。塞村中有的老人还能回忆起当时的情景，在一些老照片中，还能看到当时教堂残破的样子。后因教堂建筑高大，冬暖夏凉，集体农庄将其用作储藏肉和粮食的仓库。

　　教堂被毁后，宗教仪式也被禁止。在塞村，共产党员和无神论运动的积极分子对人们的宗教活动进行监控，将宗教活动与反对苏维埃政权划等号，如果有人搞宗教活动，就会被举报并受到严惩。娜斯佳奶奶至今回忆起一件事情仍然愤愤不平：

　　　　1979 年初，我的丈夫开拖拉机经过比秋格河时溺水身亡了。记得那一年的复活节是 4 月 30 日，我带着女儿们去墓地给她们的父亲扫墓。我们扫墓的事被人发现并被举报，我的小女儿塔基扬娜当时上九年级，放学后，老师将她一个人留在教室里。我去学校找她的时候，发现老师和校长正在训斥她："你是共青团员，你为什么要在复活节的时候去墓地？"

　　在教堂举行的人生仪礼被禁止以后，苏维埃政府发明了一套新的仪式。孩子出生以后，"洗礼"被禁止，也不再按照圣者的"人名历"取教名。当时流行以革命领导人的名字命名，如在苏联时期很流行的名字 Нинел(尼涅尔)，其实就是 Ленин(列宁)这个名字的反写。新式婚礼不在教堂举行，而是在政府部门设立的"幸福宫"内进行，新人不再在圣像前宣誓而是在领袖像前签字。人去世

---

　　① 　赫克：《俄国革命前后的宗教》，高骅、杨缤译，杨德友、贺照田校，学林出版社，1999 年 1 月，第 342 页。

后，不再按照东正教的仪轨安葬，墓上的十字架也换成了红星。

大多数村民被吸纳成为集体农庄的庄员，他们被分配到各个农场，各司其职。集体农庄是"农业工厂"，工厂劳动要求"工人"有计划的生产、需要细心和精确性、限制交际、掌握新的劳动方法、禁止在工作时间饮酒等。为此，集体农庄需要的是摆脱旧有生产方式的新工人，他们应该是"有文化的"，首先就要与"有毒的"宗教切割开来。新的工作时间让礼拜日成了工作日，人们无暇去教堂礼拜。

东正教堂被毁、宗教仪式被禁止以后，集体农庄要满足庄员精神生活的需要。为培养"有文化的"社会主义新人，苏维埃政权在城乡建立了诸多俱乐部性质的大众文化中心和教育工作中心①，集体农庄的文化宫便是其中的一种类型。文化宫设有图书馆、会堂、教室、活动室，具有集会、学习、娱乐、交际等多种功能。当时，塞村的"纪念基洛夫"集体农庄文化宫还设有电影放映厅、舞厅、台球室等娱乐设施，因此，当地人也把文化宫俗称为"俱乐部"。这里会定期举办舞会或放映电影，成为村民们的娱乐场所。可以说，文化宫已经代替教堂成为新的公共空间。在集体农庄时代生活过的塞村村民回忆起当时热闹非凡的俱乐部时，眼神中都充满了喜悦，他们想起了繁重的劳动后的放松与愉悦。节日里的聚会以及集体农庄召开庄员大会都会在文化宫会堂举行，文化宫里举办的舞会也是年轻人重要的交流场合，很多人都是在舞会上找到自己的另一半的。曾经的集体农庄挤奶女工纽霞回忆道：

> 当时塞村的文化宫每周末都会放电影、办舞会，我和瓦洛加（纽霞的丈夫，现在他们已经度过金婚）谈恋爱的时候就在那里约会。那时候人们工作虽然辛苦，但是过得很快乐，

---

① 如工会、学校和其他机关组织的文化宫；知识分子之家、演员之家、教师之家等；集体农庄和国营农场文化宫；苏军军官之家；青少年宫；民间创作之家等。

我们去牧场挤牛奶的时候都是唱着歌去的。每当过节的时候，比如三八妇女节、苏维埃节（十月革命节），我们都会去俱乐部里聚会。集体农庄给我们这些劳动能手发奖品，很多奖章现在我还保留着。

图 3　集体农庄庄员在文化宫聚会（老照片）

20 世纪 30 年代以后，塞村的东正教堂被捣毁了，延续几百年的东正教信仰真的在一夜之间便消失么？答案显然是否定的。在苏维埃时代，宗教活动从公共空间转移到私密空间。当时，教堂并没有完全被消灭，在城市中有些教堂仍然开放，家庭中的"圣像角"①仍然保留。在塞村，一些人还是偷偷地去仍开放的教堂里

---

①　圣像角（красный угол）位于屋中对着窗户的两侧墙角和顶棚交界处，这里是屋子里最明亮的地方。圣像角的圣像如何摆放有着严格的规定：必须要摆放基督和圣母的圣像，除此之外，人们也可以根据自己的需求摆放圣像，很多家庭都摆放护佑家庭成员的圣徒圣像。这样，圣像角组成了一个小型的"圣像壁"，供人们平时祈祷和礼拜。圣像角下有一个供桌，上边供奉着《圣经》、烛台、圣油、圣水等圣物。圣像角是家庭中最为神圣的地方，圣像角一般都挂着帘子，以此隔开神圣和世俗的空间。

礼拜，人们举行婚礼仍然要在家中的"圣像角"前获得神的证明和祝福，否则婚礼会被认为是不合法（незаконная свадьба）的。令我惊讶的是，塞村很多苏联时代出生的人也都受到了洗礼。季娜奶奶也是洗礼过的，并且一直保持着自己的宗教信仰。她当时还认了教父和教母，她说："这些事情（宗教活动），不要让人看见就是了"。娜斯佳奶奶这样讲述她给孩子洗礼的过程：

> 我的童年时代没有教堂，我出生在一个反基督的时代。在我的孩子们出生的那个年代，当时只有隔壁一个区的教堂在开放，我们从那里找来了神父，我们约定好，在家里秘密地给村里五六个新生儿洗礼。这样我给我的孩子洗礼了，她们有教父和教母，这在当时是不允许的，我们是秘密进行的。

塞村学校教师斯维特兰娜·亚历山大洛夫娜也在童年受洗，她这样解释人们在无神论的高压下仍受洗的原因：

> 我小的时候受过洗礼，因为那个时候我的奶奶还活着，她是革命前出生的，是非常虔诚的东正教徒。当时科尔索瓦（隔壁村）和博布罗夫（区政府所在地）的教堂还在开放，她把我也带去洗礼了，在她的观念里，孩子出生一定要洗礼，否则孩子会很容易得病，或者沾染上不洁的力量。

与此同时，更为有趣的是东正教的仪式被政权征用，我们可以在新的仪式中发现诸多东正教仪式的影子。塞村博物馆里存放的老照片记录了"纪念基洛夫"集体农庄 1967 年纪念十月革命五十周年游行的盛况。在集体农庄所建的成排的新房的背景下，游行队伍一字排开，先导方队举着"1966 年，总产值 2042100 卢布"的标语。紧随的方队打着旗子，举着"伟大的十月革命"的标语。人们手拿气球，高举列宁像，最终在教堂广场前集合。看到这些资料和图片，总会让人将眼前的场景与东正教的游行联系在一起：只是他们高举的"圣像"不同，一个是列宁，一个是耶稣；他们高举的标语不同，一个是光荣的社会主义，一个是东正教拯救世界。苏维埃政权发明的仪式和节日从表面看来与东正教信仰完全对立，但实质上二者在逻辑上有耦合之处，只不过宣扬的信仰从东正教转为共产主义。新的信仰要获得合法性需在传统中找到动员民众的逻辑，在俄罗斯，东正教信仰无疑直接为此提供了资源。

我们可以发现，在社会主义时代，虽然东正教信仰在整个社会空间中是被禁止的，但它并没有消失，它或变换为另一种形式，或隐匿地存在。在沃罗涅日州乡村，更是有很多废弃的教堂，至今仍没有修复。在一次考察中，我沿路参观了三座这样废弃的教堂。这些教堂圆顶早已被除去，屋顶和窗台长满了青苔和野草，部分墙体已经倒塌，大厅里堆满了废弃的砖块，到处都是鸟粪，一派残破凄凉的景象。但是，在原来圣像壁的地方仍然挂着几幅落满了鸟粪的圣像，圣像前残留着蜡油。据当地人讲，这些圣像是附近的村民挂在这里的，虽然教堂被毁，每到东正教节日的时候，他们还是会来这里礼拜。在当地人的心中，这里始终是神圣的空间，可见，东正教在俄罗斯一千多年的积淀是多么具有生命力。

二、教堂的重建与信仰的重建

20 世纪 90 年代初，集体农庄解散。习惯生活在集体主义襁褓中的塞村人失去了依靠，"все для всех"（所有人为所有人负责）的集体主义理念也随之消失了。如今，更加讲求竞争和效率的个人主义代替了集体主义，但"все для себя"（所有的都是为了自己）

经常出现在村民们不满现实的话语中。很多人都在感叹，现在的人不会相互帮忙了，每家家门紧闭，邻里之间都很少往来。季娜奶奶回忆起几十年前盖房子的时候，村里人都来义务帮忙，女主人只要准备些酒和鱼肉招待大家。而现在都变了，季娜奶奶种土豆的时候请人来帮忙犁地，即使是亲戚也要付钱。"现在的人都没有了 чистая душа（干净的心灵），一切都是为了钱。"

集体农庄解散以后，人们不再受到国家、集体的严格束缚，获得了职业选择和城乡流动的自由。市场经济代替了计划经济模式，改变僵化教条的生产方式的同时，人们的竞争意识和金钱至上的观念增强。人们普遍感受到道德的缺失，生活的目的为了满足金钱、私欲，缺乏公共意识和公民精神，乡村自治和公共生活缺失。这并不是塞村一地一隅的现象，整个社会都面临着道德危机与价值真空，从国家政权到知识精英再到普通民众，都在找寻应对社会转型中"失范"的策略。当历史再一次走到十字路口，"俄罗斯向何处去"的问题再一次提出时，东正教作为俄罗斯文明的摇篮，成为俄罗斯复兴最可宝贵的资源：俄罗斯政府部门希望能用东正教信仰团结和动员民众，普通民众希望能通过东正教信仰得到心灵的慰藉以及恢复正常的社会秩序。

当代俄罗斯著名的社会学家杜宾（Б. В. Дубин）认为，"有一个把我们的公民团结起来的符号，就是东正教……有一些信任的符号可以将人们组织起来，不需要发动任何的运动，比如说东正教会"。[①] 东正教几乎成为俄罗斯人（尤其是作为占人口多数的俄罗斯族）彼此认同的最为重要的符号。东正教对于构建俄罗斯民族-国家构建中的民族认同、社会团结、政权社会合法性具有极为重要的意义。20 世纪 80 年代中期以来，随着苏联意识形态的松

---

① Л. Д. Гудков, Б. В. Дубин, А. Г. Левинсон: Фоторобот российского обывателя// Мир России, 2009 № 2.

绑，国家以法律的形式确定公民宗教信仰自由，东正教复兴成为不可逆转的历史潮流。其中，教堂重建已经成为东正教复兴最为显著的标志，教堂"如雨后蘑菇般"在城市和乡村新建、重建或者重修。

本世纪初，历经几百年沧桑的塞村教堂已残破荒芜。村民伊万科夫用自己的一块草场地换得教堂及其所在土地的使用权，他把这块土地无偿地交给了村委会作为公共用地。按照计划，村委会本打算在这里建博物馆，但是资金迟迟没有到位，该计划搁浅。当时，重建教堂的风潮在黑土区散播开来，多数村民盼望着重建圣尼古拉教堂，这对整个社区会有积极作用："有了教堂，人对人就不会很恶（злые）"；"有信仰的人不会相互责骂"；"有信仰的人都有柔软的心灵"。刚刚脱离了集体农庄的村民急切地需要东正教信仰带来的温暖。

村民中的积极分子开始行动起来，这些人在苏维埃时期也没有放弃自己的信仰，只是偷偷地在家中圣像角前祷告，如今对其监视解除了，他们可以正大光明地走进教堂。这些虔诚的信徒们来到废弃的教堂，进行了简单的清理，便开始在里边进行礼拜。娜斯佳奶奶是其中的积极分子，她回忆道：

> 那时，教堂的圆顶已经没有了，大门破旧不堪，因好多年不用都锈死了，我们费了好大劲才把大门打开。我们简单地打扫一下，就在里边举行礼拜，聚在一起读圣经，我们中间有一个人经文读得非常好，是去博布罗夫教堂学的，他领着我们读圣经。我们还自己捐款买了福音书、烛台还有其他教堂物品，村民们自发地把保存下来的革命前的圣像送到教堂来。

随着教堂被重新利用，重建教堂被提上日程，而重建教堂遇到的最大困难便是资金不足。按照相关法律，建教堂的资金不能列入政府预算。重建教堂只能采用募捐的形式。募捐建教堂在俄罗斯的城市和乡村并不鲜见,在沃罗涅日城的超市里,经常会有修女站在捐款箱旁边向民众发放传单,为重建教堂向民众募捐。乡村教堂很难在城市中募捐,还是要依靠当地有实力的农场主和村民集体募捐。当时,塞村奥斯塔那什基诺农场场长伊万尼科夫主导了重建教堂的工作,并对村民进行了动员。

在塞村,重修教堂募捐不只表现为个人对神的献祭,而是村民共同参与的具有公共性的事件。在积极分子们的动员下,全村上下纷纷为重修教堂捐款。我的房东从来不去教堂,但是他也捐了一大笔钱。一些卫国战争的老兵、坚定的共产党员也都捐出他们的积蓄。在村民们看来,教堂并非只是作为神圣空间存在,也是村中的公共空间,没有它,人生仪礼无法完成,公共秩序无法重建。在重修教堂的捐款中,集体农庄解散后新富起来的人的捐款占了很大的份额。教堂的圆顶和钟楼是一位农场主捐资修建的,住在塞村比秋格河畔别墅的富商和高官(其中一位是上任州长)也捐助了大笔款项。在全村人的共同努力下,重建教堂的资金得以解决。经过两年的修缮,塞村的圣尼古拉教堂焕然一新。教堂重修是全村人共同努力的结果,社区的公共性和凝聚力在这个过程中不断提升。

2008年,在沃罗涅日教区主教的主持下,塞村的圣尼古拉教堂举行了盛大的献堂(осветить)仪式。塞村教堂是再普通不过的乡村小教堂。与拥有镶金圣像、绚丽壁画、奢华吊灯的城市教堂相比,塞村教堂显得朴实安宁。但教堂的空间布局严格按照东正教的规制,与城市里的大教堂是一致的,基本恢复了被毁之前的布局。

　　塞村教堂每周六晚上和周日早上举行晚祷和早祷,每逢重大的宗教节日还要进行隆重的礼拜活动。教堂的礼拜通常被称为служба,该词在俄语中除了"礼拜、祷告"之意,最常用的意思是"服务"。在塞村人的观念中,教堂为他们提供了诸多与神沟通的"服务",这些"服务"是关切精神生活的,现实生活是劳累的,而在教堂礼拜能让自己的心灵"更轻松些"。

早祷在周日早上8点正式开始,差15分钟8点的时候,教堂悠扬的钟声已经响起,晨曦中的塞村在时缓时急的钟声中苏醒。很多人穿着齐整,向教堂走去。神父的妻子正在教堂进门处的柜台值班,人们进门以后会在这里买一些蜡烛,有的人还要在这里填写为生者祈福、死者安魂的纸条,然后交给神父的妻子。还可以预定一些"服务",比如告解、涂圣油、圣餐、洗礼等等,这些服务都是要付费的。推开教堂门厅的大门便进入中堂,人们将蜡烛点燃,插到圣像前的烛台上,并在圣像面前鞠躬,画十字,之后亲吻圣像。

8点的时候,钟声渐息,唱诗班在神父妻子的带领下吟唱经文。人们聚拢在圣像壁前,跟随唱诗班吟诵。随后,圣像壁上连接大厅和圣堂的门打开了,金黄色的门帘也被拉开。此时,圣堂中的闪着金光的耶稣神像才露出真容,神父一边吟唱圣经,一边绕着神位甩动着冒着淡淡白烟的香炉。随后,他走进中堂,在圣像壁前和四周墙壁的圣像前摇动香炉和画十字。信徒们站在两边,迎接着神父。香炉里散发着淡淡的幽香,东正教徒认为,这香气是神和圣徒降临的征兆。随后,神父的助手举着大号熊熊燃烧的蜡烛,神父开始展示圣物:银质的十字架、金色的圣经,还有一个盖着金布的盒子。据说,这个盒子装着从耶路撒冷运来的耶稣受难时穿着的血衣残片。展示完圣物,神父又进入了圣堂。此时,唱诗班开始唱着天籁般的圣歌,没有歌词,只有"啊"的声音,但这声音空灵、悠扬,仿佛真的是从天国传来。教堂里安静极了,所有人都在屏住呼吸聆听,也许这就是"福音"吧。在圣歌声中,神父从圣堂里走出。他手里捧着圣经,开始用洪亮的声音诵经，经文是吟唱出来的，在每句经文的后边都要将音调拖长，并且转音。台下的唱诗班会重复经文的最后几个字，像二重唱一样。站在中堂里的人们遇到熟识的经文也会跟着哼唱，当听到"神"和"阿里路亚"的时候会整齐地画十字。

图 4　塞村教堂的礼拜仪式

　　有一家人预约了圣餐仪式。快 10 点的时候，这家大人抱着孩子到了教堂。神父端着一个酒樽，里边盛的是"耶稣之血"（葡萄酒），神父助手站在神父的旁边，手里拿着圣烤饼。母亲抱着孩子走到神父面前，神父用勺子从酒樽里舀出一勺喂给孩子，可能是酒味太重，孩子哇的一声哭了出来。神父也喂了孩子的母亲，她喝下之后吻了神父的袖口，并拿了圣烤饼，孩子的外公外婆喂孩子吃圣烤饼。圣餐仪式建立了信徒拟血缘关系的认同。神父如是说："在圣礼中，基督徒喝了基督的血，那么所有的人所有信徒都有了基督之血，基督的血脉让所有的人有了共同的认同。基督教用'血'的观念将所有的教徒形成一个共同体"。

圣餐仪式结束后，告解仪式开始。要告解的人在圣像台前排队，神父站在一旁，用宽大的袖子把告解者的头遮起来，两个人在里边轻声地交流。有人告诉我，告解的时候会将生活中的各种烦恼向神父诉说，说出自己的错误请求神的宽恕，说出来心里会轻松些。我看到很多人在神父的袖子揭开的刹那都流着眼泪。

告解仪式之后，早祷进入了最后的洒圣水仪式。神父捧着一个巨大的银制的十字架念着经文。人们排着队到神父面前亲吻十字架，然后低着头聚在十字架下，随着神父吟诵着感谢神的经文。神父和妻子站在桌子前，面向圣像壁，人们紧随其后。神父捧着圣经念着祈祷文，他的妻子不断地把手中的字条递给他，这是礼拜之前人们写的祈福字条，神父念着字条上的名字。神父将十字架浸入到水中，和信众们一起唱着圣歌。浸泡了十字架和祈祷声中的水已经成了"圣水"，神父从水桶之中舀出一杯"圣水"，用刷子蘸水，向人们洒去，信徒们扬起脸，享受着圣水带来的欢愉。人们认为这种圣水有神奇的功能，洒到身上能祛灾避邪。礼拜结束以后，很多人都会装一些圣水回家，据说可以治病。

洒圣水仪式结束后，教堂的钟声响起，礼拜结束了。人们纷纷穿衣离开，到门口时仍要回头对着圣像鞠躬画十字。有一些人还在等着神父，神父提着香炉走出，在桌子上摆放的烛台前摇晃着香炉，并念诵祈祷词。他拿着一叠字条，这是人们在祈祷前写好的为逝去亲人安魂的字条，神父念诵着字条的名字，为逝者安魂。一般而言，人去世40天的时候，亲友都会去教堂为其安魂，因为在东正教的教义中，人死后40天是其灵魂上天堂的日子。

东正教堂的礼拜让信徒们有来自嗅觉的(香膏气味)、视觉的(华美的圣像壁、神父的圣衣、法器)、听觉的(钟声、诵经声、唱诗)、触觉的(涂圣油、洒圣水)的各种感受,这些感受会让信徒们身体和心灵都有与神同在的体验和已在天国的想象。这种感受和体验只能存在于教堂这个被圣化了的公共空间之中。

教堂建筑的重建相对容易,而东正教信仰的重建任重道远。塞村教堂的神父谢尔盖介绍说,他刚来到这里的时候,一周两次的礼拜只有几个人参加,非常冷清,经过不断地发动,现在常来教堂礼拜的有 20 多人,节日的时候大概有 70 人了。从年龄和性别结构上来看,经常来教堂做礼拜的多是老人和女人。当然,塞村教堂并不是特例,在整个俄罗斯,声称自己是东正教徒的人很多,但是经常来教堂的人却很少。村民们很少参加宗教活动,原因有多种:普遍认为只要"心里有神"就可以了;那些人去教堂是为了给自己贴上好人的标签,"神在心里,而不是在腿上";教堂商业气息太浓,教堂是为富人服务的地方。还有一些人从小受到的都是无神论教育,就几乎不去教堂。如今,虽然教堂重新开放,但几十年的无神论教育实践和世俗化的趋势,使得人们对东正教信仰和教堂的态度已回不到革命以前的虔信状态。

变革以后俄罗斯民众对于宗教的普遍心态让我们感觉到,即使教堂重新开放,但宗教信仰对于普通民众的意义已经发生了改变,教堂的重建并不完全等于信仰的回归。宗教界人士常常指责道:"现在教徒已经不十分严格地按照教规行事。在当代,物质利益的追求使人们减少道德和宗教等精神的需求,个人的理想是追求个人幸福、青春永驻和财富,让性欲和食欲得到满足"。在莫斯科,有一句自嘲的话:"我们哪有时间去教堂,我们要去欧尚①!"其实,现代生活与繁复的宗教仪轨、戒律早已不相容,人们去教堂最

---

① Ашан,法国的一家大型连锁超市。

大的目的就是让自己的心灵获得放松，暂时摆脱沉重的世俗生活，去教堂与看戏剧、看画展、听音乐会一样都是普通的精神生活的一种。宗教对于当代社会的意义不在于民众对宗教仪轨的亦步亦趋，而是将"心中有神"作为基本的道德底线，尊重东正教倡导的价值理念便是宗教最大的社会意义。东正教会已经认识到这一点，原牧首阿列克谢二世在接受《消息报》记者采访的时候说："如果人能带着一颗纯净的心灵，在圣像前放上一支蜡烛——这已经是善良的标志了。"①

在当代俄罗斯社会，教堂重修与信仰重建互为表里，这不是作为建筑本身的教堂的重建，而是在这个空间里进行的宗教构建身份认同的文化实践。在文化实践中，东正教信仰与民族认同、社会团结、爱国主义紧密勾连在一起，对于俄罗斯重建社会秩序、维持政治稳定具有十分深远的意义。经历了苏联时代的无神论教育以及现代社会的世俗化趋势和个体意识的觉醒，信仰重建不会像教堂重建具有那般立竿见影的效果。但无论如何，民众的宗教身份，东正教的历史传统和社会影响力无疑是当代俄罗斯社会转型最可宝贵的文化资源。

三、文化宫：传统文化的回归

前文已经提到，随着集体农庄的解散，塞村的文化宫也因为资金短缺、经营不善，到了 21 世纪初，最终关门，建筑已经残破不堪。我在塞村的房东曾经是文化宫的教师，因文化宫关门而失去了工作。在黑土区的一些村庄，文化宫还在开放，是基层政权文化机构的重要组成部分。2009 年秋，我随沃罗涅日州文化厅组织

---

① В России можно только верить? Известие（《消息报》）от 20.12.2006.

的参观团考察邻近的熊村①文化宫（彩图 2），更为直观地感受到
了文化宫在乡村文化活动，尤其是在传统文化的传承和传播中所
起到的作用。我的田野笔记记述了当时的情景：

> 车行至村口，热情好客的（熊村）村民用俄罗斯民族最传
> 统的迎客仪式欢迎我们。在路边，一位穿着格子裙涂着红脸
> 蛋的女人端着"面包和盐"②来到车门口迎接客人。因为我来
> 自最遥远的地方，所以被推举为代表首先下车品尝"面包和
> 盐"。按照村民的示范，我掰了一块面包，蘸了下盘中的盐，
> 放到嘴里咽下。面包是刚烤好的，配上盐让麦香更为浓郁，
> 看我吃下面包，村民们热情地鼓起了掌。
>
> 下了车我才发现，仿佛走进了童话世界。村民们穿着传
> 统的民族服装，欢快地唱着民歌。两个身材丰腴、破衣烂衫
> 的少女，满脸涂满油彩，装扮成林妖的模样。"林妖"脾气暴
> 躁，时而大呼小叫地斗棋，时而提着"狼牙棒"，敲打着身边的
> 客人，恣意开着玩笑。放茶炊的桌子被装饰成炉子的模样，
> 桌子上除了热气腾腾的茶炊还有烙好的薄饼。人们仿佛一
> 下子回到了童年，开心地和"林妖"嬉戏，州文化厅的一位官
> 员还调皮地拿起皮靴子给茶炊打气，如同给茶炊安了一个风
> 箱，让茶炊烧得更旺。他说，小时候家里都是这样烧茶炊的，
> 现在茶炊少了，还是茶炊烧出来的茶味道更好。我接了一杯
> 茶，茶汤淡黄，飘来一阵清香。村里人告诉我，这是椴树花
> 茶，仔细品尝，茶中还有椴树蜜的香甜。

①　麦德维日村（Медвежье），村名与"熊"有着共同的词根，故简称熊村。

②　面包和盐（хлеб-соль，хлебдасоль，хлебосоль）是斯拉夫民族古老的迎宾习俗。
面包和盐在许多斯拉夫民族中都具有独特的象征意义。俄罗斯人认为，面包象征着富
裕和平安，而盐能保护人们不被敌对的力量和魔法侵害。俄罗斯人在午饭的开始和结
束时都会吃面包和盐，主人用面包和盐宴请客人意为加深宾主之间的信任关系，如果
客人拒绝食用则无异于对主人的侮辱。

　　喝过茶，村长带领我们走进熊村。文化宫在村中非常醒目，这是一座灰色尖顶的高大建筑，明显具有苏维埃建筑的特点。村长介绍，这个文化宫是在集体农庄时代建起来的，现在也是该村唯一的公共文化活动场所。文化宫里有多个功能区：展示大厅、活动室和图书室，村委会办公室也设在这里，展示大厅后边是能容纳几百人的剧场。展示大厅宽敞明亮，正在展出熊村节庆活动图片展，图片中是熊村庆祝新年、复活节、库帕拉节①和救主节活动的场景，这些节日活动都是文化宫的工作人员策划组织的。活动室被儿童手工艺培训班占用，熊村学校的教师用课余时间在这里教孩子制作手工艺品。活动室的墙上、桌子上展示着孩子们的手工作品。这些手工作品非常有创意，也很有乡村气息：染成五颜六色的大米、小米、意大利面被孩子拼成了各式各样的图画，牛、马、花朵、教堂，还有俄罗斯小屋。图书室里，四周墙壁上都挂满了书架，图书虽然老旧，但藏书量却很大，几个孩子正在安静地看书。阳光洒在他们身上，感觉非常安逸和温暖。

　　为了迎接参观团的到来，熊村文化宫还专门组织了文艺演出，在礼堂上演。礼堂舞台上仍放着一个红苹果的布景，村长介绍说，这是前几天"苹果救主节"时专门制作的。这场演出的演员是村里的文艺爱好者以及熊村幼儿园和小学的学生。孩子们排演的节目很接地气，名叫"我是蔬菜"。小孩子们用服装和道具将自己装扮成各种蔬菜的样子，有胡萝卜、西红柿、黄瓜、圆白菜、土豆……他们依次上台介绍自己是什么"蔬菜"，这种蔬菜能做成什么美味，有什么营养等。

---

　　① 库帕拉节是东斯拉夫人的民间节日，节期为俄历6月24日（公历7月7日），俄历的夏至日。伊万·库帕拉是施洗者约翰的绰号，东正教会把他的故事与民间农作风俗结合起来，作为祈求丰收、健康和幸福的日子。

图 5   熊村的文化宫外观

生活在农村的孩子对这些蔬菜并不陌生,能流利地说出它们的特征。十四五岁的少女们表演的节目是现代舞,她们把自己装扮成美人鱼(русалка)的样子,随着乐曲的节奏翩翩起舞。民间传说中,美人鱼是河妖的一种,依靠妖媚的身姿勾引路过的男子。压轴表演的幽默小品,与电视上的幽默表演相似,主题多是讽刺性地反映现实生活。熊村的演员们排演的小品主题是酗酒,讲的是两个男人趁女主人不在偷喝酒的故事。这个故事取自于生活,是生活中常见的场景:几个演员的表演惟妙惟肖,将酒鬼醉酒的形态表演得淋漓尽致,引起观众们的阵阵哄笑。不过演酒鬼的演员是女扮男装,这让我时而会跳戏。演出结束后我才发现,除了幼儿园和小学的几个小男孩,参与整台演出的基本都是女演员。

作为参观对象,熊村显然是全区文化工作的典范。参观团对熊村的文化活动印象深刻,纷纷表达了赞许之情。即使这样一个模范文化宫,也面临着生存危机。和千千万万的俄罗斯村庄一样,熊村的文化宫缺少资金和人力支持,其工作难以维系,只能依靠工作人员的热情支撑。演出开始之前,村长和文化宫主任向参观团汇报该村的文化工作,他们的发言让我们感受到他们维系文化宫的艰辛:

> 不久前,我们文化宫添置了扩音器和混音台,没有任何人的资助,所有的钱都是我们依靠自己的力量赚来的。我们不放过任何一个创收的机会,如在七号市城市日那天,我们参加了市里的展销会,把做好的蛋糕用精美的蝴蝶结装饰,还制作了美味的沙拉。我们带去的所有的东西都是按每份 5 卢布卖掉的,虽然没有赚很多钱,但这些钱对我们也是有帮助的。城市日活动的蛋糕和沙拉都是村文化宫主任塔基杨娜·尼古拉耶夫娜亲手做的。她对工作非常有热情,她把全部的精力都投入工作中。我们的演出服装也是她做的,各种文化活动的组织方案也是由她策划的。村里人已经很习惯加入她组织的活动,很乐于参加联欢会的演出。现在我们面临着两个难题:一是文化宫资金不足;二是村民对我们的支持也不够。很多村民都去城里打工了,留在村里的年轻人很少。由于文化宫没有经费,村民们出工出车都是义务的,所以他们积极性都不高。如果不给钱,现在的村民很少会来帮忙……为了解决经费问题,我们想出的办法是建温室种蔬菜,把蔬菜拿到市场去卖,如今库房已经有了,我们马上会投入到这个工作中去。对此,我们已经等不及了,文化宫里还有很多东西需要添置,迫在眉睫的就是要更换新的消防栓……

集体农庄时代建起的文化宫除了具有俱乐部的功能,还具有

教化作用，旨在将村民们改造成为"有文化的人"，图书馆、活动室、礼堂的设置都体现了这一初衷。从当时的文化宫的实践活动来看，文化宫的"文化"是与传统割裂的，它被认为是先进的、现代的，而传统的文化则被认为是愚昧的、落后的，前者的先进性正是建立在否定后者的基础上的。而如今，这种关系却出现了转变，在社会变迁背景下，传统文化已经被承认、被合法化，还被视为社会团结、国家认同的文化资源。当下的文化宫的"文化"涵括了传统文化，曾被视为糟粕的民间迷信传说，如林妖、河妖，被搬上舞台；曾被视为毒草的宗教节庆，如复活节、救主节、库帕拉节等，又重新成为村民们欢度的节日。还是在那个苏式建筑里，文化宫从批判旧文化倡导新文化的前线变成了弘扬传统文化、复兴传统价值的阵地。这种转换是社会变迁留下的痕迹，文化宫的文化实践为社会变迁添加了一个生动的注脚。如今，在黑土区乡村，无论在塞村还是在熊村，文化宫普遍面临着资金短缺的问题。熊村文化宫还能勉力维持，全赖文化宫工作人员的志愿者精神，显然这并不具有持久性。另一方面，随着俄罗斯乡村人口向城市流动，乡村空巢化问题日趋严重，乡村文化宫的发展困难重重、举步维艰。

四、结　语

历史上，塞村是一个相对封闭的小村庄，东正教信仰确立了以教堂为核心的公共空间，村民的公共生活都是围绕着教堂和东正教日历展开。而在苏维埃时代，国家权力渗入村庄，村里也有了共产党员、党组织、苏维埃政权，后又建立了集体农庄，代替教堂成为村民生产生活的共同体。教堂被捣毁，东正教信仰为核心的公共空间被文化宫所替代。但是东正教信仰从未在村民的日常生活中消失，一方面作为"表现的空间"隐匿地存在；另一方面，作为传统的文化逻辑继续作用于当时的"空间实践"中。苏联解体以后，集体农庄也随之解散，俄罗斯乡村经历过国家权力与意识形态真空时期。而随着东正教的复兴，教堂在乡村重建标志着公共空间的重塑。国家权力在推动东正教复兴的过程中，实现了公共空间的国家在场①，以东正教为核心的公共空间成为当代乡村社会团结和民族乃至国家认同的载体。在时代背景下，公共空间的重塑并不是简单的信仰和秩序的回归。革命前的塞村教堂和重建后的教堂相比较，虽然位置、格局以及名字都是相同的，但是它作为公共空间，已经有了不同的行动主体和公共秩序。如果说革命前俄国的东正教信仰让民众成为上帝谦卑、忠实的子民的话，今天的东正教教义与宗教实践更多让信众成为有道德、讲秩序、爱国、传承优秀文化传统的现代公民。

在苏维埃时代，文化宫作为东正教堂的替代品，成为乡村公共生活的空间。文化宫要倡导一种新的生活方式，培育"有文化的"社会主义新人。这种公共空间的塑造和生产并非有章可循，在革命的话语下，则成为反旧制度、反宗教的文化基础设施。伴随着苏联解体、集体农庄消失，文化宫逐渐褪去了意识形态的色彩。文化宫之"文化"更多地指向传统文化、民间文化，乃至于民族文化。在这个意义上，文化宫与东正教堂殊途同归，共同成为塑造民族与国家认同、凝聚社会的力量。

作者简介：马强，中国社会科学院俄罗斯东欧中亚研究所副研究员。

---

① 东正教复兴也是国家权力大力推动的，其与"新俄罗斯思想"的治国理念密不可分。"新俄罗斯思想"是普京在"千年之交的俄罗斯"中提出的，它包含传统的俄罗斯价值观中的爱国主义、强国意识、国家主义和社会团结，参见普京著：《普京文集——文章和讲话选集》，中国社会科学出版社，2002年11月。

多元主体参与与公共生活的生成:美国新奥尔良非裔狂欢的人类学观察 *

李家驹

公共生活并不会因为人的集合而自动产生和再生产,而是不同主体建立关联并相互承认后的实践结果。对现代社会而言,如何理解并处理不同主体间的相互关系,进而推动社会公共生活的生成就成为一个重要问题。而推动不同主体相互理解并承认彼此的认知与行动逻辑差异,通过商谈在既有框架下达成共识或对框架进行修订,实现各自诉求,建构一种可被分享的地方性公共文化是推动公共生活生成的一条重要路径。

一、公共生活与多元主体

阿伦特、哈贝马斯、桑内特等人的研究为当代学者讨论"公共生活"或"公共领域"提供了基础性的学术资源,他们从不同角度展开

 * 本项研究得到国家社会科学基金(艺术类)重大课题"基础综合性公共文化服务中心建设理论与实践研究"(16ZD07)的支持,特此致谢! 原文刊载于《中南民族大学学报》(人文社会科学版)2018 年第 1 期,入选时做了改动。

了讨论：哈贝马斯讨论公共的构成要素；阿伦特强调公共重在公民间的平等交流；桑内特则关注公共领域(public sphere)的具象化表达。需要指出的是，这些讨论所处的学术脉络各有不同，"公共"概念的内涵与外延、容括的要素以及指涉的社会与文化现象也存在差异。

　　有鉴于自由资本主义民主制度公共生活的衰微，阿伦特将希腊城邦视为人类公共生活的理想模式，认为存在一个纯粹的，与私人领域、社会领域截然不同的公共领域，由某些能够超越社会差异属性的公民组成，可以超越阶级、性别、种族或民族进行平等对话，于是，"公共领域"被严格限定在"政治领域"之内，并与"私人领域"二元对立，是一个抽象的范畴。阿伦特同时将"公共性"(publicity)等同于"公共领域"，用公共领域的规定性原则代替了作为生活世界整体的公共领域。另一方面，她又基于"国家-社会"的二分，将公共领域与社会领域等同起来。[1] 哈贝马斯从阿伦特的论述出发，同样将公共领域视为国家-社会的中间地带和二者张力的产物，但他认为，伴随"印刷资本主义"兴起的资产阶级知识阶层的公共领域才是理想类型，能够将社会需求传达给国家。于是，公共领域既不属于私人领域或社会领域，又处于国家权力架构的边缘或之外，成为了一种非官方的社会性空间。[2]

　　在阿伦特和哈贝马斯那里，公共领域被视为一个建基于社会、发生于"国家-社会"之间张力地带，因此会因国家、政府和制度参与而被消解的抽象政治领域并超脱于人们的日常生活。但随着现代社会日益向人群与文化高度异质性和多样化的方向发展，"公共"概念的指涉主体、边界、发生基础、组织与再生产方式

---

① Hannah Arendt, *The Human Condition* (Chicago and London: The University of Chicago Press, 1998).

② Jürgen Habermas, *The structural Transformation of the Public Sphere: An Inquiry into a Category of Bourgeois Society*, trans. Thomas Burger(Cambridge: The MIT Press, 1991).

均发生变化,既有理论在描述和解释社会事象时出现不足,因此不断有学者对"公共"概念进行批判、修正和补充,泰勒认为,哈贝马斯意义上的资产阶级公共领域在现代社会已经不复存在,[①]当下更应强调公共为全体社会成员提供沟通纽带时的重要作用,讨论一种多元化的公共领域。[②]南希·弗雷泽提出的"庶民的抵抗性公共"(subaltem counterpublic)从女性、穷人、少数族裔和移民的角度出发,认为这些"庶民"也拥有自己的权利和公共领域,并能够通过这种"反抗性公共"来实现自身的个人利益。[③]桑内特则在《公共人的衰落》的中文版序言中认为,西方学界对公共生活的讨论集中在了政治领域,却忽略了具体的日常生活的多样性与丰富性,因此有必要关注在现代社会,存在差异的不同主体如何建立并维系彼此关系。[④]于是,如何在一个充满差异性与多样性的世界中实现社会共同体的建构,并使得复数性的"文化"被包容和同样得以实现,就成为了学者们新的关注焦点。

1988 年,阿帕杜莱等学者在学术杂志《公共文化》(*Public Culture*)创刊号中指出:在 20 世纪末强调"公共文化"与世界主义、全球化、多元文化等状态和事实直接相关,首先,强调"公共"是为了打破西方既有的、存在高低、精英与大众的对立二分,打破既有的阶层和等级,强调被共同体承载和表述的公共生活和文化共享;其次,以此强调具有多个侧面的现代生活的整体性,而不是表述这些单一侧面。[⑤]

---

① 〔加〕查尔斯·泰勒:"公民与国家之间的距离",李保宗译,《文化与公共性》,汪晖、陈燕谷主编,生活·读书·新知三联书店,2005。

② 〔加〕查尔斯·泰勒 著,"市民社会的模式",《国家与市民社会:一种社会理论的研究路径》,邓正来、〔美〕杰弗里·亚历山大主编,上海人民出版社,2006。

③ Nancy Fraser, *Justice Interruptus : Critical Reflections of the "Postsocialist" Condition*(London and New York : Rutledge, 1997).

④ 〔美〕理查德·桑内特:《公共人的衰落》,李继宏译,上海译文出版社,2014。

⑤ Arjun Appadurai and Carol A., Breckenridge, "Editor Comments", *Public Culture Bulletin*, 1(Fall 1988) : p. 6.

　　至此，我们可以看到，当下学者们在使用"公共生活"概念时，其语境已经同阿伦特、哈贝马斯等人产生了较大区别："公共"涵括的内容从同质性转向异质性、从单一趋向多元；从讨论政治性的"人生而平等"转向讨论日常生活意义上不同群体与文化之间的平等；更加强调晚近以来社会共同体内部不同群体之间的生活与文化交互，并将"公共生活"视为一种开放性的动态进程和社会机制，使得成员得以共同营造可供共同体分享的、具有连续性的日常经验。在这一理论框架下，继续将国家、政府和制度排除在公共生活之外其实是对公共性的一种背反，对现代社会而言，这种拒斥更是对一个普遍事实的忽略：即社会不可能完全抛弃国家和制度而独立存在和发展，而是需要后者对个体与群体诉求的承认、保障和尊重以实现社会的普遍利益。

　　于是，进一步需要讨论的问题便是：政府与制度如何参与公共生活的产生与再生产？政府与社会应如何进行互动？如何理解并处理政府与社会之间在认知和行动逻辑、诉求等方面的差异并寻找共识，进而实现更大范围社会的普遍公益？

　　本文以美国新奥尔良为田野点，以非裔美国人狂欢为案例，尽可能呈现并阐释驱动不同主体（地方政府、社区、专业人士及公民社团）参与并建构公共生活的复杂社会动力，特别是聚焦于原本处于紧张关系下的地方政府与非裔美国人社群之间如何理解并解决冲突的过程：原本作为社区传统与日常的非裔美国人狂欢，如何在不同时期的政府治理下得以延续？非裔社群如何通过各种手段争取发声空间？其集体记忆、身份认同和传统文化生活如何被更大范围的群体所承认，并参与到当下城市公共生活的再生产之中？地方政府又是如何理解非裔传统文化，并在同传统文化社群的互动过程中实施城市治理？

二、非裔美国人狂欢:传统文化与日常生活

对于新奥尔良的非裔美国人社群而言,"第二线游行"(Second line)与"狂欢节印第安人"(Mardi Gras Indians)作为其"灵性世界"(spiritual world),共同表征了其历史根源与日常生活。[①] 狂欢并非是日常生活的颠转或圣化,或者是某种"反常"或"超常"状态,而是作为非裔美国人的日常生活本身。[②] 这两种穿行于大街小巷、以巡游与展演为外在表现形式的狂欢具有独特的历史脉络与意涵,参与建构了当地非裔美国人社群的文化和社会体系,将整个社群连接在一起。

当地民众和学者普遍认为非裔狂欢是非洲、加勒比、欧洲及美洲原住民等文化在当地相互融合后形成的产物。从奴隶时代起,法国殖民政府就以成文法的形式确立了黑奴和其他有色人种在星期天集会娱乐的权利,从正午到子夜,黑奴、北美原住民以及其他混血人种聚集在刚果广场(Congo Square)举行各种社交和文化活动:交易、敬拜神灵和祖先、举办婚礼丧礼、舞蹈和歌唱。此外,奴隶们将白人的军乐队、游行还有欧洲音乐风格都融入了自己的传统文化,创造了爵士乐并将乐队和游行整合在一起形成如今看到的"第二线游行"。为了感谢在争取自由的过程中从北美原住民那里获得的帮助,非裔美国人从奴隶时代起就开始用羽毛、皮毛、珠串和其他材料装扮成原住民的样子,模拟并展演后者

---

① Helen A. Regis, "Second lines, Minstrelsy, and the Contested Landscapes of New Orleans Afro-Creole Festivals", *Cultural Anthropology*, 4(1999): pp. 472—504.

② Herman Max Gluckman, *Order and Rebellion in Tribal Africa*, (London: Cohen and West, 1963); Victor Turner, *The Ritual Process: Structure and Anti-Structure*, (London: Routledge, 1969).

的出行、战斗、渔猎等生活场景，以此纪念原住民和非裔为延续自身文化传统和身份认同所付出的努力与抗争，这种仪式性的展演即为"狂欢节印第安人"。①

任何人都可以用"一切能想得出来的理由"来进行狂欢：婴儿出生、婚礼、生日、丧礼，也可以自由参与任何一场狂欢。不论是"第二线"还是"狂欢节印第安人"，繁复华丽的手工服饰与道具、极具张力的舞蹈与音乐、参与者的高涨情绪、歌唱、酒精、烟草、食物等交织在一起，构成了一个极具感染力的狂欢盛典和文化奇观。当地人告诉笔者："这是对生命的庆祝，我们既庆祝生，也庆祝死，这些都是生命的一部分。"因此，对于长期被奴役并处于社会结构下层的非裔社群而言，狂欢既是对自身历史与当下生活的言说，也是对自由、抗争和生命的庆祝，是不可让渡、曲解和压迫的文化权利和集体叙事。

更为重要的是，狂欢并不单纯作为仪式性的文化和社会活动出现，而是延伸进入整个非裔社群的日常生活，维系和强化社群成员间的社会关联。从奴隶时代起，为了能在歧视和隔离下生存，非裔群体自发地在社区内组成"社会互助与愉悦俱乐部"（Social Aid and Pleasure Club，缩写为 SAPC，以下简称"俱乐部"）与慈善社团（benevolent society）进行互助，通过在社区内筹款的方式为社团成员、家属及社区居民支付丧礼、医疗、教育等费用，这种"穷帮穷"的互助模式使得"俱乐部"和慈善社团在长时期内扮演了"非裔保险公司"的角色。用当地人的话说："我们就是一个大家庭，这是我们得以生存至今的方式。"

每逢狂欢，非裔社群往往全家参与其中。部分社团还会设立

---

① Helen A. Regis, "Second lines, Minstrelsy, and the Contested Landscapes of New Orleans Afro-Creole Festivals", pp. 472—504; Joel Dinerstein, "Second Lining Post-Katrina: Learning Community from the Prince of Wales Social Aid and Pleasure Club", *American Quarterly*, 3(2009): pp. 615—637.

专门的青少年分部，由年长的成员负责照料和教导下一代。于是，即使只有部分社区成员加入社团，与狂欢有关的整套知识仍然为整个非裔社群所共享。尽管社团是狂欢的实际发起者和组织者，但并不独自决定和维系狂欢的基本框架和公共秩序，而是通过整个社群的共同参与得以实现，因此，在围绕狂欢构建的公共生活中，社团与社区成员并不因分工的具体差别而各行其道，而是共同构成一个紧密结合的整体。

在每年的巡游季中，"第二线游行"几乎会在每个周日午后举行，穿行于全城的大街小巷；而年度性的"狂欢节印第安人"展演则会从"肥美星期二狂欢节"（Mardi Gras）①起持续约两个月。固定的路线、频率和具体日期使得非裔狂欢成为了日常性的社会活动和文化景观。社团与社区成员围绕狂欢实现了互惠，即不仅是狂欢中，也在日常生活交往中持续着人与物的交流。对于非裔社群而言，互惠不仅是经济性的，更是社会性的和道德性的。首先对于社团而言，组织并发起狂欢既是筹集资源的重要途径，也是向给予他们人力、物力和财力支持的社区进行回馈的主要手段：狂欢需要耗费大量人力物力，仅凭社团成员无力承担诸如乐队、道具、服饰，以及向市政厅和警察局缴纳的申请及安保费用，因此必须广泛吸纳社区和其他来源的各种支持。来自整个社群的经济资助、人力资源和情感支持就成为了社团得以延续自身组织运作和文化实践的基础。作为回馈，社团除了在日常生活中为社区

---

① "肥美星期二"，法语为 Mardi Gras，英语为 Fat Tuesday，天主教节日，在复活节前第七个星期三（圣灰星期三，Ash Wednesday）至复活节前夕的 40 天内为大斋期。封斋前的最后一个星期二即为狂欢节，法国殖民者将这一节日引入美洲殖民地。"狂欢节印第安人"因选择这一天作为新一年展演周期的第一天而得名，从"肥美星期二"开始的约两个月中，"狂欢节印第安人们"共有五次全城规模的狂欢，分别为：肥美星期二、圣约瑟夫之夜（St. Joseph Night），以及分别于上城（Uptown）、下城（Downtown）及西岸（Westbank）举行的"超级星期日"（Super Sunday）。

居民提供各类资助外,[①]还通过狂欢为社区居民提供了持续而稳定的贴补家用的生意机会:按照新奥尔良法律,无证摆摊为非法行为,即使商贩们申请到了证照,也只能在特许时间和特许地点摆摊。而狂欢则会设定休息处供人们吃喝休息,这样就为商贩们,甚至是想要挣取外快的普通人提供了合法的时间和空间安排、规模庞大的客源和稳定的收入。[②] 笔者注意到,尽管只是一两美元的啤酒饮料或者几美元的热狗汉堡,但无论摊贩还是购买者,买卖双方都会念叨"我为人人,人人为我"(One for all, all for one)。当地人解释道:大家都是普通的劳动阶层,因此尽量会让摊贩们赚点钱,这些所得又总是会通过资助巡游、捐赠社区等路径回流到其他社区成员那里。这样,交易就不再是单纯的商品行为,而是作为对社区传统的支持而具有了社会和道德意涵,一个承载情感、文化和经济资源的循环圈得以完成和闭合,并将互惠作为整个社群得以维系和运作的公共秩序确定下来。

因此,新奥尔良的非裔狂欢是一类以音乐、舞蹈、服饰为美学特征,以平等和自由参与为基础,以游行和展演为核心的传统文化活动,从空间、时间、参与者、内容和形式上看,非裔狂欢构成了一个内涵丰富的社群公共生活。狂欢不仅承担了经济、社会、文化和情感职能,还通过自身功能的实现将整个非裔社群紧密连结为整体,推动社群内部的公共生活得以持续生产和再生产。对于长期受种族歧视的非裔和有色人种来说,这种紧密联系的公共生活为他们提供了一个相对独立和稳定的生存环境。不过,这种传统文化生活在较长的历史时期内只属于非裔社群和有色人种,而

---

① 除为社区成员支付丧葬、教育、医疗等费用外,这些社团还会在日常生活中经常举办各类活动来反哺社区:例如为学龄儿童和青少年派送文具、免费午餐;向社区图书馆捐赠书籍;举办各类文化及教育活动等。

② 虽然按地方法规必须有执照才能在街头售卖,但在巡游中,警察通常并不会检查摊贩们的证件,也不会去检查用小手推车兜售饮料零食的人——这些小贩基本都没有证件,但他们在调查中明确告诉笔者,"只要不惹麻烦,警察是不会管的"。

并不面向新奥尔良社会的全体成员。

三、政府的在场：被拒斥的非裔狂欢

作为非裔日常生活的狂欢并非是超脱于整个社会制度的独立存在，而是从起源之初就从政府那里得到了产生所必需的社会空间。政府在非裔公共生活的生产过程中始终在场，但却在历史中长期歧视和压抑后者。无论田野访谈或文献追踪，当地人和学者都将非裔狂欢的法律依据回溯至 1724 年法国政府颁布的《黑人法典》(Code Noir)，该法典明确规定："在周日和其他节日中，所有黑人不许工作，违者将被罚没充公"，[1]同时，奴隶商人为防止黑奴在贩运途中自杀，会向奴隶提供乐器并允许他们歌唱和舞蹈。但是，殖民地政府和奴隶主又惧怕奴隶们通过集会和狂欢进行反抗，[2]因此"禁止属于不同奴隶主的奴隶私下集会以防止他们暴动反叛"。[3] 路易斯安那购地案和海地革命后，新颁行的黑人法典增加了修正案：一方面允许奴隶集会休闲，另一方面又禁止奴隶们在夜间舞蹈狂欢。[4] 这样，黑奴和其他有色人种就从法律的夹缝中获得了延续自身文化传统的可能。尽管非裔狂欢从立法中的自相矛盾，以及立法与执法间的口径不一中获得了些许生存空间，但另一方面，奴隶们的狂欢和集会仍然为法律明文禁止。在奴隶制度和种族隔离的历史背景下，非裔狂欢始终被拒斥在主

---

① 《1724 黑人法典》，参见 http://www.blackpast.org/primary/louisianas-code-noir-1724.

② Carl A. Brasseaux, "The administration of slave regulations in French Louisiana, 1724—1766", *Louisiana History*, 21(1980): pp. 139—158.

③ 《1724 黑人法典》，参见 http://www.blackpast.org/primary/louisianas-code-noir-1724.

④ L. Moreau Lislet, *A General Digest of the Acts of The Legislature of Louisiana*, *1804—1827*(New Orleans: Benjamin Levy, 1828).

流社会之外，是受严格管束的对象。①

　　尽管不同统治者在不同时期对非裔狂欢采取了张弛有别的差异管理，②但不论许可还是禁止，政府参与非裔狂欢的逻辑是一以贯之的：给予奴隶时间和空间用以娱乐和社交并非是为了维系他们的文化和社会生活，而是出于奴隶主的经济利益和统治所需；非裔狂欢作为一种反抗文化，即使不能以安全、交通或者其他名义彻底抹煞，也要将之完全纳入法律的规训之下或者从主流社会中排除出去。以"肥美星期二狂欢节"为例，种族隔离时期，非裔和其他有色人种既不能观赏白人的狂欢，自身的庆祝活动也会被以"未经许可""扰乱公共秩序""充斥犯罪可能"为由而遭遇警方的驱散和打压，更不能踏足白人占据的街道和社区。相比之下，白人狂欢却在空间、时间以及人力物力上享有法律保障，诸多被法律明令禁止的行为在狂欢场域内得以合法化。③

　　民权运动结束了政治领域内的种族隔离，但文化领域和社会领域内的制度性歧视与双重标准并未消失，而是作为传统获得了合法性，非裔狂欢一方面继续被排除在整个狂欢节体系之外，另一方面则依旧在申请、费用、档期、路线与空间等各个环节遭遇压抑：根据路易斯安那州和新奥尔良法律，除"肥美星期二狂欢节"与政府资助的巡游外，所有巡游都必须事先申请许可、缴纳安保费用和私人财产税，而非裔狂欢完全不在免征范畴；狂欢节期间不得组织非裔狂

---

①　Joseph Roach, "Carnival and the Law in New Orleans", *TDR* (1988—), 3 (1993): pp. 42—75.

②　当地人与学者普遍将法国-西班牙统治者与英裔统治者对待有色人种的态度差异归结为宗教、种族、文化等因素，参见 Henry J. Leovy. *The Laws and General Ordinances of the City of New Orleans*[M]. New Orleans: E. C. Wharton, 1857; Eugene D. Genovese, Roll, Jordan, Roll. *The World the Slaves Made*[M]. New York: Pantheon Books, 1972。

③　J. Q. Flynn, *Digest of the City Ordinances* (New Orleans: L. Graham & Son. Genovese, 1896), p. 1158.

欢展演。① 此外,在费用方面也存在双重标准:1990年代,白人狂欢可以免征或只需交纳 750 美元,而非裔的账单则高达 4800 美元。②

当下的地方政府不再用"反抗"视角看待非裔狂欢,而是从城市治理的角度将其置于"公共秩序"框架之中继续进行严格管控,理由在于:狂欢阻碍交通;大规模人群聚集容易成为罪犯的袭击目标且此类案例不在少数;处于亢奋状态的狂欢者可能会制造事端,因此需要警方的安保来保证整个城市的稳定有序运行等。因此,在地方政府和警方看来,非裔狂欢并非新奥尔良文化和社会不可或缺的一部分,而是各种不安定因素的聚集,需要强力约束和管控。但在非裔社群看来,即使种族隔离已解除近半个世纪,地方政府仍然以各种理由延续种族歧视,因为同样是狂欢,白人与有色人种受到的待遇截然不同。于是,在非裔社群举行狂欢时,他们与警方的紧张关系甚至冲突屡见不鲜。

至此,我们可以发现这样一个事实:新奥尔良地方政府与非裔社群之间长期以来始终存在紧张关系,双方依据各自的逻辑定义和解释对方身份和行动,然而,从经验材料来看,双方并未尝试通过有效沟通来理解对方的行动逻辑与诉求,导致这种紧张关系无从解决。但从非裔社群和地方政府各自的需求来看,双方又并不存在根本冲突:非裔社群期待的是自己的文化传统能够得到尊重,并且能够拥有安全的庆祝环境;而地方政府需要维护整个城市的公共秩序,实现城市治理。因此,处在对立双方的非裔社群与地方政府之间仍存在合理的现实需要与可能。如何化解这种

---

① 分别见路易斯安那州民法补充条款 http://www.legis.la.gov/legis/Laws_Toc.aspx? folder=75&level=Parent,以及新奥尔良城市法规"狂欢"条款 https://www.municode.com/library/la/new_orleans/codes/code_of_ordinances? nodeId=PTIICO_CH34CAMAGR.

② Michael P. Smith, "Behind the Lines: The Black Mardi Gras Indians and the New Orleans Second Line", *Black Music Research Journal*, 1(Spring 1993): pp. 43—73; http://blog.nola.com/topnews/2007/03/permit_fees_raining_on_secondl.html.

紧张关系、实现各方利益诉求，进而实现整个城市的普遍公益就成为非裔社群与市政当局共同需要面对的问题。

四、转机：公共生活的重构与再生产

政府的管制使得非裔狂欢从产生之初就并非处于"与世隔绝"的孤立状态，非裔社群必须在法律和政令的规训下寻找存续自身传统的社会空间。他们在不同历史时期采取了不同的策略因应：1.以隐秘或半隐秘的方式进行文化实践；2.努力在既有制度下寻找合法性，但被动承受或激烈对抗来自政府的管制；3.主动参与制度设计、推动现有制度的改良。前两种是历史上非裔曾经采取过的，第三种则是他们当下所做的。同时，随着整个社会的不断发展，新奥尔良市政当局已无法独力承担所有公共事务，也无法再继续垄断话语权、空间和时间等公共生活的生成要素，于是转而向社会赋权；原本被压抑和歧视的非裔狂欢开始逐步获得政府和其他主体的承认，被容纳进整个城市的公共生活中。这一转变既是制度本身不断变革和成熟的过程，也是不同主体互动并达成共识、实现各自诉求的过程，最终实现地方公共生活再生产的过程。2005 年后的一系列事件呈现了这种多元主体间的互动合作，整个进程虽以激烈的暴力冲突开始，但最终仍以理性商谈和合作解决作为终点。

（一）"圣约瑟夫日事件"：冲突的顶点与转折

非裔社群与市政当局，特别是与警方的紧张关系在 2005 年 3 月 19 日"圣约瑟夫日"（St. Joseph Day）达到了爆发的顶点。① 事

---

① "圣约瑟夫日"本为天主教节日，非裔社群将其转变为自身的传统节日，"狂欢节印第安人"会从这一天傍晚开始，全城范围内的巡游狂欢直至深夜，不少"第二线"俱乐部和其他社区团体也会参与其中。但多年来，警方一直援引奴隶时代的法律，命令在场的"狂欢节印第安人"在下午 6 点时脱下套装和摘掉面具，并驱散狂欢人群。警方与狂欢者每年都会因此发生冲突。

发当晚，警方以"有人可能携带枪支"为由命令狂欢者脱下套装并全部解散，以高速驾车冲击、鸣笛、闪烁警灯、骑马冲撞和持枪威胁的方式驱散在场人群，多人在冲突中被捕和受伤。围观者用手机拍摄的事件视频公布后引发整个城市的强烈反响。事件发生后，"狂欢节印第安人议会"（Mardi Gras Indian Council）①联络全体成员、全城非裔社团、民权律师以及社会活动家发起抗议，并联系市议会议员，要求市议会举行听证。最终在市议员奥利弗·托马斯（Oliver Thomas）的推动下，市议会于 6 月 27 日举行听证，首位登台演讲的非裔社区领袖"'图蒂'蒙大拿"（"Tootie"Montana）在演讲中突发心脏病离世，听证会被迫中断，全城非裔社群自发为"图蒂"举行了盛大葬礼。受"图蒂"去世的震动，7 月，警方承诺将向社区提供更友好的服务，并对警员进行文化培训。但两个月后的飓风"卡特里娜"几乎摧毁了整座城市，非裔社群与市政当局的对话也被迫中止。2006 年 1 月 25 日，来自 32 家"第二线"俱乐部的成员为呼吁灾后重建和城市复兴举行了联合巡游，巡游结束后，有三人在附近社区遭遇枪击。警方以需要增加警力用于高风险区域为由大幅上调安保费用，从此前的每场 1200 美元上调至每场 4445 美元。消息传出，各俱乐部一边同警方谈判要求降低费用，一边发起了一个名为"新奥尔良'第二线巡游'社会互助与娱乐俱乐部特别力量"（New Orleans Second Line Social Aid and Pleasure Club Task Force，以下简称"特别力量"）的社团联盟，并联络"狂欢节印第安议会"、民权团体"美国公民自由联盟"（American Civil Liberties Union，缩写 ACLU）、民权活动家、市议员展开讨论，同时与警方进行谈判。经过谈判，警方同意将费用降低至 2260 美元，但数周后，狂欢途经的社区附近再次发生枪击案，

---

①　该团体成立于 1985 年，为新奥尔良各"狂欢节印第安人部落"的联合会，致力于团结各社团，共同延续文化传统和服务社区。

警方再度上调费用，"特别力量"与民权团体同警方谈判无果，于是向法院提起诉讼，同时要求警方落实曾做出的"友善对待非裔社区和文化传统"的承诺。最终，非裔社群赢得了诉讼，并以此为契机继续推动社群的自我教育和市政当局对现行法规的重新审视。2007年12月，市议会通过决议：成立专门委员会为市议会提供咨询以延续这一传统文化。2012年2月，在非裔社群、公民团体，以及市议员苏珊·古德瑞（Susan Guidry）的推动下，中断近6年的听证会重新举行，随后，"尊重并保护非裔传统文化""明确社团狂欢许可与市政府权限"等条款被确立为城市法规。警方则不再采取原有的暴力执法方式，而是为狂欢提供全方位安保，这些做法得到了非裔的承认和感谢。自此，非裔社群与市政当局的关系最终实现了改善。

以"圣约瑟夫日事件"为起点，新奥尔良的非裔社群和公民团体发起了一系列公民运动，推动了城市公共生活的转型，也是多元主体参与公共生活生成的典型范例。

（二）公共生活再生产中的多元主体

从公共参与的角度来看，自2005年以来的一系列运动就是非裔社群要求、争取并实践参与城市社会治理的过程，也是市政当局反思城市公共生活，实现公共利益的过程。在这一过程中，不同参与主体——非裔社群、民权团体、社会精英，政府和其他公众——所采取的参与方式和受到的教育都是不同的。

1. 非裔社群

非裔社群不再将自身的组织、文化和社区视为相对封闭和独立的单元，而是重新审视自身所处的社会环境，吸纳更多主体参与自身的文化和社会实践，从而扩大原有非裔公共生活的边界，使自身的利益诉求与整个城市的普遍利益接近一致，在与政府的沟通和合作过程中实现地方性公共生活的生成。其具体路径包括：

首先,以联合会的方式将各社团所植根的社区联结为整体,争取非裔社群的普遍利益,并从公民权角度重新阐述自身抗争的意义。在 2005 年以前,各俱乐部的日常运作和文化实践都各行其是,"狂欢节印第安议会"虽成立于 1985 年,但多年来只是一个并不活跃的松散联盟,而成立于 2006 年的"特别力量"则是"圣约瑟夫日事件"的直接产物:此前,各俱乐部虽曾发起过一个联盟,旨在保护自身不被征收各种"离奇"费用并协助各成员发展,但该联盟并未能实现目标且仅存在了三年。2006 年,各俱乐部重新发起联盟,通过举办工作坊为成员提供各类培训:申请税务登记号、填报申请表、开设账户、积极联络其他公民社团与政治领袖、在民权团体的协助下提起诉讼。以胜诉为标志,"特别力量"初步实现了自身目标,并通过积极的社会参与和政治参与实现了对本社群的自我教育。此外,非裔社团开始走出社区,学习向非政府/非营利组织寻求支持:2006 年,七区的一家俱乐部就分别从市议会、一家艺术基金会和其他团体那里募集到了大量经费用于自己的周年庆典。"特别力量"也变更了自身社团的法人性质,重新注册为非营利组织以便于吸纳更多社会资源。

其次,为推动社区和整个城市正视广泛存在的暴力犯罪、毒品、教育和贫困问题,避免狂欢被污名化,非裔社团开始对自身和社区进行自我约束和教育:巡游开始前和进行中,各社团都会通过网络、广播、传单、T 恤等方式进行宣传,例如"最初的大七"俱乐部的巡游口号就是"把你的问题和枪支留在家里"(Leave Your Problem and Gun at Home)。2016 年 2 月 13 日,全城的非裔社团主席从市政厅出发进行"反暴力犯罪"主题巡游,市议会支持了该巡游。"狂欢节印第安人"也在各自领袖的倡导下更加强调音乐、舞蹈、服饰等美学层面,避免在狂欢中因激烈的肢体语言引起不必要的误会,进而引发各自支持者之间的激烈冲突并转变为暴力事件,以此打破"非裔狂欢粗野、无序且充斥暴力"的刻板印象,为自身传统的延续争取更广泛的承认和理解，也为人们共同生活的城市提供有序与平和的社会环境。

在"卡特里娜"风灾重建的大背景下，非裔社群通过彰显狂欢所具有的独特文化和社会意涵并将其积极引入城市重建之中，以此主动阐明自身诉求与社会主流价值观相一致。2005 年 12 月，"威尔士亲王"俱乐部就发出巡游倡议，鼓励人们返回城市重建家园。非裔社群通过狂欢这一新奥尔良人的日常表明：尽管遭受了巨大灾难，人们仍努力使生活回归正常。在灾后重建的特殊语境下，源自抗争、庆祝生命、带有强烈感情色彩的非裔狂欢，以及非裔社群守望相助的社区传统引起了全体新奥尔良人的情感共鸣，为整个城市承认和共享这一传统文化提供了感情基础。从经济角度看，非裔社群并不反对自身传统作为一种"旅游资源"被征用，而是主动参与其中以尽可能改善自己的经济状况。2015 年夏天，在风灾十周年纪念活动中，非裔社群同全体市民一道狂欢的场景反复出现在各种宣传片、海报和音像资料中，成为整个城市复兴的象征，而在全年各种大大小小的音乐节、嘉年华等活动中，非裔狂欢以及相关符号、标识在城中随处可见。这样，原本作为非裔社群日常生活的狂欢被整个城市所承认和接纳，上升为社会整体用以陈述自身价值、实现利益诉求的具体表现和手段，非裔社群也由此证明了自身文化实践的政治正确性，在广泛承认中获得了更多资源和支持。

2.民权组织和人士

民权组织和人士通过自身参与扩大了原有非裔公共生活的边界，为原本并不占有优势社会资源的群体提供了更具可行性的操作手段。在整个转型历程中，"美国公民自由联盟"为非裔社群提供了包括培训、诉讼、宣传和社团组织管理等一系列专业服务，民权组织中的专业人士帮助原本自行其是的传统民间社团转型为现代法人，熟悉现代法规和政府的运作规则，并协助社团赢得法律诉讼。在 2005 年冲突事件后的历年狂欢以及多次谈判中，民权团体都组织了律师、学者、媒体人和社区领袖组成关注组，对处于紧张关系中的非裔社群和市政当局进行关注和协调，监督市政当局执法中的不当行为。民权组织和专业人士运用自己的专业特长帮助非裔社群不断熟悉和运用现代社会规则，使后者更为顺畅地融入了现代城市公共生活，同时帮助整个城市生活的公共性最终通过理性互动和平等交流得以实现。

3. 市政当局

对市政当局而言，非裔社群的主动与广泛参与促使他们必须反思城市公共生活中的多元主体：民权团体专业人士所推进的公民教育使得官方不得以技术或程序手段随意进行社会管理；民权律师则通过计算，指出警方大幅提升安保费用的不合理之处，以及对路易斯安那州宪法和城市法规的违反，最终迫使警方将安保费用下调至合理范围并承诺不再以压制和敌意的态度对待狂欢者，并且学习狂欢对于非裔社群的重要意义。2006 年和 2012 年，在两位市议员的直接推动下，市议会两次召开听证会，讨论城市法规、社区传统，以及警方执法方式等具体议题。2006 年当选并连任至今的市长米奇·兰德略（Mitch Landrieu）在自己的就职庆典上邀请"狂欢节印第安人"到场，一起敲打传统手鼓作为庆贺，并责成市长办公室为非裔社群和警方提供交流平台，以例会、午餐会等形式促进各方商谈。另一方面，在"卡特里娜飓风"重建以及新奥尔良地方经济不景气的现实压力下，地方政府也逐步意识到：具有本真性、独特性和原创性的非裔狂欢之于地方经济的宝贵之处，并开始在各种场合主动表述非裔文化对于整个新奥尔良社会与文化的重要意义。①

---

①　2017 年 5 月 19 日，新奥尔良移除了象征奴隶制和白人至上的邦联领导人雕像，市长米奇·兰德略为此发表了公开演说，在演说中，他将非裔狂欢表述为"新奥尔良带给世界的礼物"，"源自历史多样性的美好事物"，"象征城市美好未来的全新符号"，演说全文参见：http://www. theadvocate. com/pdf_1683c300-3ce1-11e7-83b6-cb1d4ff55ec9. html.

　　在多方参与的影响和城市法规的限制下,新奥尔良警方意识到无法再用简单粗暴的暴力手段来解决狂欢中可能出现的安全和犯罪问题,更不可能随意利用自身权限来管束市民的公共生活,于是不得不在不同场合多次承诺转变执法手段和态度,从强力管控转向社区服务,在打击犯罪和提供安保的同时缓和与非裔社群之间长期存在的对立紧张关系。从 2012 年起,新奥尔良各警区负责人都会在狂欢期间主动联系非裔社区领袖,询问对方是否需要安保和其他服务,不再进行时间和空间限制,同时增派警力用于交通、急救、消防等环节,保障城市生活的有序进行。

　　这样,在新奥尔良各界开展的公民教育的推动下,市政当局通过反思和学习,不仅了解了城市中多元主体承载的复杂历史意涵和多样利益诉求,也重新认知了城市公共生活应有的内涵与作用,从而转变治理方式推动城市治理目标的实现。对于新奥尔良人而言,这一转变虽然相当晚近,但毕竟是以相对平和与理性的合作与商谈进行。从地方公共生活的结构来看,市政当局不再处于顶层的统治地位,不再垄断公共资源分配、阐释事件意义、完全控制公共事务,而是开始同社区、社团、市场一起成为城市公共生活的参与者之一,城市公共生活的规则与秩序不再完全由市政府决定,而是通过多元主体的商谈与合作得以确立。

五、总结与讨论

　　以往对公共的研究常常将国家视为社会的对立面,从而将制度和政府排除在公共之外,同时将公共视为一种抽象领域而非生活日常。新奥尔良非裔狂欢与政府的互动过程提供了一个范例来重新理解现代公共生活的意涵与生成,特别是如何通过建构公共文化来保障包括文化权在内的一系列公民权利。

　　从新奥尔良的案例可以看到:非裔社群以狂欢为纽带自行组

织社会生活与文化实践，但无论是过去还是当下，原本属于特定社群的传统文化无法脱离整体社会以相对独立和封闭的状态独自存续，非裔社群意识到：狂欢必须开放边界、吸纳不同主体参与其中，必须承载更加广泛的文化、社会和政治意涵，上升为被整个城市共享的公共文化才能得以延续，才能在社会普遍价值的实现中彰显自身价值的独特性，使自身得到更充分的表述。在从传统的、相对独立的非裔狂欢向现代的、开放包容的城市公共生活转变的过程中，非裔社群的文化公民权和公民身份被重新确认和表述。这种确认并非是凭空出现的恩赐，而是社会与制度反复互动的结果；第二，包括立法、执法和行政在内的制度在参与公共生活生产的过程中，既有可能造成阻碍，也可以为其提供保障，因此，推进制度的不断发展，使之在社会治理中真正体现社会整体利益就具有积极意义。对于新奥尔良政府来说，对非裔狂欢的承认不仅仅是出于政治正确、寻求经济利益的功利考量的结果，更是对当下社会所处状态以及全体成员现实生活的不断反思：在一个文化和人群高度异质化的环境中，正视不同主体的差异和诉求，更能有助于实现整体社会的普遍利益；第三，在城市这一人和要素高度集中的空间中，多元主体的互动和参与有助于通过商谈推动社会治理结构趋向合理。以民权组织为代表的各类团体帮助原本处于紧张关系中的非裔社群和市政府不断寻找利益的共通点，进而为关系的改善奠定基础；最后，在社会与政府的互动中，公众并非全然处在被动的无力状态，而是有可能通过公共参与实现自身的成熟与制度的改良，这种转变可以是理性的、非暴力的与基于交流的。在这一过程中，社会与制度都从对方那里实现了教育与自我教育，从而推动更为复杂、成熟的公共生活的生成。

从具体实践来看，政府、社区和公民团体等不同主体会根据各自需求与能力、具体社区的历史背景、社会经济状况和居民生活方式，创造并选择多样性的实践策略，例如：非裔社区居民在表达自身利益和价值诉求时,会工具理性地选择主流社会推广和认可的话语作为表达方式,例如"人权""文化多样性""反种族歧视"等,将主流话语内化和具体化于个体和群体的日常活动,其结果是强化并再生产了主流话语,间接赋予了主流话语的合法性并强化了制度与政府的治理能力;而地方政府则会通过法律、公开集会、办公会议、政府雇员培训等措施转变治理观念与方式,寻求社区、公民团体的更主动合作,从而达成自身目标。于是,在市场化、私有化、全球化以及主流话语的共同作用下,制度、政府、社会及其他行动主体的各自诉求与话语在日常实践中相互契合,使得各方在日常互动或冲突中达成既定框架下的共识,或者是对既有框架进行修正。

新奥尔良的案例表明,如果从实践角度将公共生活视为一种动态过程,现代公共生活可以理解为不同主体在平等、自由、相互承认和理性交往基础上共同进行的实践活动,具有开放性、多样性与生成性,为不同主体参与政治、社会、文化生活提供了基础,其本身并不存在实质化的本体,而是会因主体具体实践的不同区分为政治生活、文化生活和社会生活。现代社会是一个高度异质性和高度集中的社会,因此也是高度治理的社会。不同主体各自有着自身目标和利益诉求,同时又必须与其他社会成员共生在同一个空间中。因此现代公共生活既不可能是脱离政府管治的、纯粹的社会生活,又需要重新理解并协调多元主体在公共生活中的相互关系。从这个意义上讲,政府、非营利组织、社区、社群和公民都可以被视为平等的参与主体,进而使公共生活拥有超阶层、地域和文化的包容能力。换言之,尽管公共生活并非产生于国家和制度,但并不拒斥后者参与进来,多主体的共同参与以及制度同社会的互动有可能促进公共生活被更好地再生产。

作者简介:李家驹,中国社会科学院美国研究所博士后。

资源或精神认同：瑞典萨米人与主流社会在山川观念上的冲突

〔瑞典〕鲁丁（Lars Rhodin）

毛　鑫　译

引　言

　　虽然本文的主要目的不在于详述萨米人在历史上所受的不公平的对待，但这种不公平的对待的影响及其在当今时代的延续都与主题相关，因此在这里需要对情况作简要介绍。一直以来，瑞典都拒绝批准国际劳工组织的第 169 号公约。该公约生效于 1991 年，内容涉及独立国家中原住民和部落族群。瑞典的平等监察员机构在批评公约立场时指出，萨米人最多应被视为少数民族，而非原住民；目前的政策和结构是基于殖民时期的，至少在某些方面，这些政策侵犯了萨米人的人权。① 这些违规行为也包括，

---

　　① Equality Ombudsman(Diskriminerings Ombudsmannen)，"The Sámi indigenous people in Sweden and the Right to Participate in Decision-Making,"accessed 15 July 2018，https://www2. ohchr. org/english/issues/indigenous/ExpertMechanism/3rd/docs/contributions/SwedishEquality Ombudsman. pdf

挪威政府通过签定各种协议构成的对传统萨米人土地的持续蚕食。此前土地一直用作驯鹿放牧和其他形式的农牧业。[①] 即使原住民会因其传统生活方式被打断，身份特征被影响而提出反对，主流的经济社会体还是认为这种蚕食是合理的，因为需要建立更多的发电站、滑雪电缆车、度假胜地。由于既有的成见，人们往往不能从形而上的角度理解原住民抽象的既定身份及其相关联想的固有内涵。在萨米人身份认同的过程中，山川不仅仅是人类改造利用的课题，其作为民族纪念碑及其相关含义是一个非常重要的方面。本文旨在从多种社会话语建构中为这样的观点找到存在空间。在此之前，我们有必要花相当一部分篇幅从萨米人的角度谈谈将山川作为纪念碑及其相关概念的理解。

纪念碑及其有限内涵

纪念碑被视为人们创造的有形物体，它被认为是纪念重大事件的焦点物，可以代表宗教和其他统一的信仰，也可以以社会和/或民族群体角度作为对往昔荣耀的缅怀。在西方文明及其他文明的发展过程中，对纪念碑的理解也出现了新的发展，出现许多其他的解读方式，包括成为社会身份认同的表征，这种认同"在时间或空间上都与公民的社会和政治生活有无法割裂的联系"。[②]

以上说法使人们认识到：关于纪念碑的资料"分散于各个学科领域"。[③] 的确，我们可以从社会学和人类学的角度解读纪念

[①]　Equality Ombudsman(Diskriminerings Ombudsmannen)，"The Sámi indigenous people in Sweden and the Right to Participate in Decision-Making"，accessed 15 July 2018，https://www2. ohchr. org/english/issues/indigenous/ExpertMechanism/3rd/docs/contributions/SwedishEquality Ombudsman. pdf

[②]　Lisa C. Breglia，*Monumental Ambivalence*：*The Politics of Heritage*(Austin：University of Texas Press,2009)，3.

[③]　Martin Auster，"Monument in a Landscape：the question of'meaning'"，*Australian Geographer*，100，no. 2(1997)：219.

碑，但如果从聚焦西方文明和民族国家行为的角度（毕竟民族国家的概念在《威斯特伐利亚和约》中得到了国际公认），纪念碑也可被视为促进国家和民族主义的工具。[1] 在这一政治视角下，纪念碑可以被特地用来合理化集体对权力的追求，有助于推进"社会愿景"早日实现，尤其是当民族国家面临内外忧患之际。[2] 纪念碑甚至还可以看作是国家实施"治理术"的工具。福柯提出的"治理术"具体指强制施行的用以维护权力的一类规训和规范，旨在按国家所期望的行为和信念教化人民。[3]

纪念碑往往被赋予了特定的政治内涵。纪念碑的其他重要内涵比如宗教内涵和政治内涵截然不同，但随着世俗观念的发展，在包括瑞典和挪威在内的许多西方民族国家宗教影响力逐步下降，纪念碑的宗教意义也就不再那么重要了。另外，纪念碑本身就像民族国家的政治一样，如上所述，通常是西方国家和其他一些民族国家创造的，这些纪念碑与其环境是分离的。与人类生活的其他方面一样，关于纪念碑的这种欧洲中心主义视角已然成为主流，至少在许多极为富有的、经济发达的国家是这样。

作为纪念碑的山川

人类创造出纪念碑，并将其与有意义的事件、身份相联系，甚至作为控制手段，并不意味着纪念碑表征下的本质在另一种文化视角下就会不同，而是告诉我们，纪念碑的结构也可以是多元的，纪念碑呈现形式并非只是特意与其周遭环境相区别，或者说这种

---

[1]　Benjamin Forest and Juliet Johnson,"Monumental Politics:Regime Type and Public Memory in Post-Communist States",*Post-Soviet Affairs*,27,no. 3(2011):270.

[2]　Ibid.

[3]　Paul-Michel Foucault, *Discipline and Punishment* (NY: Vintage Books, 1975).

与环境分离的物体不是主要的形式。在描述以不同角度理解纪念碑时，布雷格利亚（Breglia）使用了"模糊意象"（ambivalence）一词。她指出，"纪念意义（monumentality）这一特定概念表明——甚至可能决定了——实体的文化标识的含义是单一的僵化的"，它"必然会消解对遗产的含义和内容进行协商时的那些微妙的、个人的、因时制宜的做法、表达方式和主张"，它试图抹去现存的一种模糊意象的状态，即"山川的内涵与山川的实体在物质的、考古的、可探查的方面显示出的意义并不直接相关。"[1]布雷格利亚使用了"模糊意象"一词，而奥斯特（Auster）（在讨论山川中的纪念碑的论文中）则更倾向于使用"寓言"（allegory）一词。这个词适当地表达了意义和意义中的某些复杂性，关注可能是有联系的意义群，而不只是物体（纪念碑）本身明显的联想义。[2] 这些意义可能是包括记忆、思想（抽象或具体）在内的各种联系，它们可能是依情况而变化的，也可能是超验的，既可能暂时存在或与精神世界相关，抑或恒久的，抑或转瞬即逝。[3] 与前述比较，当纪念碑的概念被用作一种政治控制的手段时，纪念碑的意象是孤零零矗立在那里的，与周围环境相分离。比较布雷格利亚和奥斯特两位学者的文化视角，也许能凸显出一点：前者要创造出来一个焦点物来唤起和关联各种意义（山川中的纪念碑），而后者则将山川本身的诸多意义与记忆关联起来（山川本身作为纪念碑）。

　　这就有理由让我们认为，纪念碑可以是山川，而不仅仅是人造物，这种看法并非不重要。人们对纪念碑的概念有固定的联想，但这种联想将纪念碑的概念局限在很小的范围里，其实符合纪念碑内涵的对应物可以包含很广。奥尔维格（Olwig）认为，从

---

[1]　Breglia, *Monumental Ambivalence*, 3.

[2]　Auster, Monument in a Landscape, 227.

[3]　Ibid.

这一角度来看，"山川不再阻碍理解，而是为我们理解个人和社会如何看待他们周围环境以及如何对待环境提供了一扇门。"[①]

理解物质世界是通过那些看到它并与之互动的眼睛"存在"的，是我们依据社会现实思考该问题的另一方向。在这个意义上，正如蒂里（Tilley）所指出的，空间本身并不是一个有意义的术语，它只能通过成为"社会创造"而获得意义，"不同的社会、群体和个人在不同的空间中展现自己的生活"。[②] 本质上，这意味着一种社会现实，即物质世界（山川）与居住在这片山川中的作为社会创造者的人类之间发生着相互作用。这一现实与相对狭窄的山川观念形成了鲜明对比，后者认为山川本身是不重要的场所，纪念碑作为没有实质意义的非自然建筑结构被放置其中。

当山川被视为本质上就存在的空间，通过人居住其间获得意义，它便成为社会的一部分、心灵的一部分，成为发生的记忆、行为、变化的一部分，从而成为一种生活方式，通过居住和生活于其间的人们，通过在此繁衍生息的人们的思想、信念和愿望来延续。它既存在于生活的形而上领域，又存在于物质实体领域。社会生产出的空间"将认知、身体和情感结合在一起，可以复制，但随时会经历转型和变化"，它不稳定而富于变化——在这个维度上，它与人类生活、人类生活如何被引领和体验都息息相关。[③] 由此得出结论，空间（山川）是与环境有关的，它基于人类生活和社会存在的方式形成意义，这意味着我们只能通过主观解读人们与谁互动、他们参与了谁的生活和历史来理解特定的山川的内涵。这也再次强调了山川的重要不在于其本身或因其本身，而在于它与人之间的互动关系所产生的意义——"由于是两者或多者互动形成的关系

---

① Auster, Monument in a Landscape, 873.

② Christopher Tilley, *A Phenomenology of Landscape Places, Paths and Monuments* (Oxford: Berg Publishers, 1994), 10.

③ Ibid., 11.

结构，山川并不具有单一的含义；由于被不同的个人、集体和社会以不同的方式去理解和创造，它不可能具有普遍的实质内涵。"①

雷尔夫（Relph）的著作《地方与无地方性》颇具影响力，在其中他思考了空间的多元维度。霍尔夫提出，存在无数种类型的空间体验，例如大脑的、无形的和理想的、抽象的或存在的，我们体验这些空间的程度是不一样的。② 与空间的无数接触交互也不意味着每一次体验都是孤立的，相反，它们其实都是空间体验这个整体的一部分。在这种意义上，空间和地方难以分割——我们通过居住在后者（地方）来感知前者。这引出了身份和地方的概念，以及雷尔夫所要表达的观念，即我们要理解地方的意义，就必须要了解那些生活在此的人们的即时感受与情感浓度。③ 雷尔夫将各类情感中的两个极端分别归为存在的内部性（existential insideness）和存在外部性（existential outsideness）。最重要的一点是，不同的身份被认为对个体和群体具有不同的含义——"通过外部性和内部性的多种组合和强度匹配，不同的个人和群体针对不同的地方会采取不同的身份认同，人类的空间体验会表现为感觉、意义、氛围和行动等多种特质。"④

雷尔夫、蒂里等人的观点引来不少批评的声音，主要可归纳为三个方面，分别是："本质主义观点；与当今地方的真实现状脱节；围绕简单的二元论建构观点，曲解并局限了地方体验的范围，特别是地方的全球性的可能"。⑤ 第一种称其为本质主义者的批评，指出现象学的立场忽略了影响人类生活的其他方面，例如社

---

① Christopher Tilley, *A Phenomenology of Landscape Places, Paths and Monuments* (Oxford: Berg Publishers, 1994), 11.

② Edward Relph, *Place and Placelessness* (London: Pion, 1976).

③ Ibid.

④ David Seamon and Jacob Sowers, Place and Placelessness, 45.

⑤ Ibid. , 47.

会的、个人的、宗教的等。但是，这样的批评也表明人们对雷尔夫和蒂里的观点仍存在着误解或误读——其实现象学观点涵盖了人类生活的各个方面；实际上，这也是整个论证的必要和重要的部分。第二种批评认为，雷尔夫、蒂里等人的理论存在不适当的普遍化而且不适用于当代地方的情况；但是在雷尔夫、蒂里等人的理论里，可以明显看出内在性/外在性的划分对个人/群体对地方的重要性的认知有影响。至于第三种批评认为，世界变了，人们的心理感情也因此变化，过去的情感不存在。但这种观点与我们的日常直觉相反，我们在自己的感觉中可以认出自己从前的感觉、感情。在这个意义上，第二种批评和第三种批评是相互重合的，实际上都体现了一种不切实际的幻觉。这种幻觉否认人类固有的直觉，只承认人为创造，在现代主义的观念模式中尤其明显。

对本文而言，围绕山川的争论很是重要，一方试图从现象学去解释，另一方认为山川"就没什么价值"。[1] 例如，大卫·洛文塔尔（David Lowenthal）追溯了争论双方的不同观点，并指出要根据自然和古迹各自不同的重要程度对其加以维护，"它们必须首先被归类到与日常事物不同的领域。"[2]洛文塔尔对比了基于西方文明及历史"主流"的自然观和一些原住民群体的自然观，"自然似乎与我们有本质上的不同；我们或许渴望与涵养生命的基本结构融为一体，但与某些原住民和部落民族不同的是，我们又很少将自己置于大自然中或将自己投射到非人类的生命形式中。"[3]两种自然观显现出不同的观念模式，西方文明的自然观占主导地位，具有压倒性影响力，这样造成的后果可以从后殖民主义和旅游业

---

[1]   Kenneth Olwig, Landscape, 871, citing an "influential geographical theorist".

[2]   David Lowenthal, Natural and cultural heritage, *International Journal of Heritage Studies*, 11, no. 1(2005): 82.

[3]   David Lowenthal, Natural and cultural heritage, 86.

的发展中看出。根据迈克尔·霍尔(Michael Hall)和黑泽尔·塔克(Hazel Tucker)的说法,旅游业"既加强了后殖民关系又根植于后殖民关系中"。① 后殖民主义或新殖民主义可以呈现为多种方式,例如"来自外国的干预和控制",通过"核心力量"对"后殖民地边缘,包括'空间维度'和'特定空间和体验的持续构建和表现'施加影响"。② 这样的解释除了涵盖外部影响,也"适用于内部空间和社会边缘,包括以大都市为核心聚居的少数民族"。③ 霍尔和塔克认为,旅游业加强和深化了这种关系。

还有很重要的一点是,使用"山川"及其联想含义,将山川这个词与其他可能使用的词语,如"环境"区分开了;然而,在区分山川与环境时,将山川相应地定义为"任何由人(有意或无意)改变和塑造的景观",④就产生了另一个问题,即引入"人的因素",随即也引入了对山川的竞争。从根本上说,如果一片山川的意义来自现象学方法,那么"不同的经历、兴趣或行程会使同一山川衍生出不同的含义";因此,"某一特定时空交叉点的山川就其表象而言可以被认为是不连贯一致的或是有多重内涵的。"⑤有人宣称占领一片山川,也有人抵抗这种占领和利用,不同的意见共同将山川置于政治和竞争的背景之中——山川变成了"具有多重含义的在当地竞相争夺的"山川。⑥

---

① Michael Hall and Hazel Tucker,"Tourism and Post-colonialism",in *Tourism and Post-colonialism*:*Contested discourses*,*identities and representations*,ed. Michael Hall and Hazel Tucker,(London:Routledge,2004),2.

② Ibid.

③ Ibid.

④ Gerhard Ermischer,"Mental landscape:landscape as idea and concept",*Landscape Research*,29,no.4(2004):371.

⑤ Bjørn,Bjerkli,"Landscape and Resistance. The Transformation of Common Land from Dwelling Landscape to Political Landscape",*Acta Borealia*,27, no. 2 (2010):221.

⑥ Ibid.

萨米人的故事

阿里·莱赫蒂宁(Ari Lehtinen)仔细考察了理解山川的复杂性、山川与萨米人之间的关系以及研究如何(即使是从最好的意图出发)有效地延续和巩固"确立起的支配关系"。[①] 很明显的一点是,几个世纪以来,萨米人被迫采用主流的语言和语言规范,这实际上导致了一种多语种状态,加剧了混乱局面,主流社会通过语言使得萨米群体采纳主流的规范和价值观。因此,"与理解环境、命名山川相关的文化行为现在基本上都遵循了主流的国家逻辑,而不是原住民群体的逻辑。"[②]学术话语越来越受到全球化趋势的影响,通常规定英语是标准语言,而这样的局面又使得辩论逐渐远离重要的、地方性的根基,转而走向"促进北欧研究英语化,特别在荒野和山川概念等方面"。[③] 通过芬兰的一个案例研究,莱赫蒂宁说明了自己的观点。他指出,受美国 1960 年代划定"荒野地区"行动的影响,1980 年代芬兰的压力与日俱增。1991 年,芬兰政府通过了《荒野法》。虽然这项法案出发点是好的,通过之前也经过大量研究实地调查,但它忽视了萨米人文化传统中的重要内容,也没有注意到萨米人维持生计的一个基本方面——传统的放牧只被允许在远离森林中心的野外地带才会被考虑,而在林中区域则主要进行伐木和林业活动。然而,驯鹿放牧依赖森林,植被随季节更替,冬春季节,驯鹿需要进食森林中心的植物,这对于驯鹿群来说其实极为重要。令人难以置信的是,划定荒野的重要原因之一竟是萨米语单词的误译,萨米语有些单词的含义和衍生义与研究人员所

---

①　Ari L. Aukusti, "Politics of decoupling: breaks between Indigenous and imported senses of the Nordic North", *Journal of Cultural Geography*, 29, no. 1(2012): 105.

②　Ibid.

③　Ibid., 107.

理解的并不相同。①

　　根据研究,穆克(Mulk)和贝利斯史密斯(Bayliss-Smith)重建了萨米人的宗教世界观。萨米人的世界分为三个区域,一个与温暖、山脉和河源等联系在一起的上层世界,那是神居住的地方;一个人类居住的中间世界,河流流淌其间,松树朝上层世界方向生长;一个有海洋、河口,与死亡、寒冷相关联的下层世界。中间(人类)世界连接那些在下面和上面的人,包含了神圣的场所与圣泉,在这里可以和上层世界沟通,归来的亡灵穿行其间。在进一步提到宗教、萨米人和圣地时,伯格曼(Bergman)、奥斯特兰(Ostland)、扎克里森(Zackrisson)和利德格伦(Liedgren)指出,在17世纪开始基督教化之前,萨米人的土地上有许多宗教(祭祀)遗址,和木制的相关物件。尽管后来萨米人的信仰不得已成为了"秘密"宗教,我们仍可以"从地名和口口相传的传统习俗角度来确定原住民的宗教空间要素"。②

　　对萨米宗教信仰的这种理解表明,无论是在同一时期还是在历史上,人民会认为山川的某些部分(作为纪念碑)比其他部分重要得多。科戈斯(Cogos)、鲁伊(Roue)和罗蒂里耶(Roturier)进一步指出地名方面的这种迹象。他们讨论了在山区驯鹿放牧的萨米人社区中进行定性研究的结果。尽管萨米人越来越多地使用地图来指代口口相传指涉以外的地方,但地图"无法体现出萨米地名的不断更新和对萨米人有意义的土地特征,因此不能传达地名相关的知识"。③地名知识表示特定的地标、有关特定地点、

---

①　Ari L. Aukusti,"Politics of decoupling:breaks between Indigenous and imported senses of the Nordic North",*Journal of Cultural Geography*,29,no.1(2012):105

②　Ingela Bergman,Lars Ostland,Olle Zackrisson and Lars Liedgren,"Värro Muorra:The Landscape Significance of Sami Sacred Wooden Objects and Sacrificial Altars,"*Ethnohistory*,55,no.1(2008):1.

③　Sarah Cogos,Marie Roué and Samuel Roturier,"Sami Place Names and Maps:Transmitting Knowledge of a Cultural Landscape in Contemporary Contexts,Arctic,"*Antarctic,and Alpine Research*,49,no.1(2017):43.

方向、路线和行程等重要信息，这些信息蕴含于山川中，与山川关系密切。使用传统的地图不能传播地方的文化背景，也无法呈现文化内涵在地名词汇方面的相对重要性；因此，科戈斯等人建议，应该寻找一种方法，比如通过使用数字技术，在维护地图公认的重要意义的同时，实现"制图传统的去殖民化"，[①]由此可以有效地从萨米族文化的角度从各个方面对以山川作为纪念碑进行确认。

有争议的山川

二战后，国际组织纷纷建立，人们思想观念发生改变，更关注少数民族和土著权利，有萨米族的四个国家通过了涉及人权的一些国际法和国际公约；比如芬兰承认了萨米人作为原住民的权利，并让国境内的萨米人实现了一些语言和文化上的自治。挪威此前所述批准国际劳工组织第 169 号公约。这份公约规定了有关土地权、协商和尊重土著习俗等重要条款。他们还通过一项萨米人法案，旨在"使挪威的萨米人能够保护和发展自己的语言、文化和生活方式"。瑞典虽然尚未正式确定萨米人在法律上的地位，但通过了联合国《公民权利和政治权利国际公约》，确实遵守了其中某些相关条款；[②]俄罗斯不仅通过了《公民权利和政治权利国际公约》，该国宪法中还有一款规定，即"根据公认的国际法原则和标准以及俄罗斯联邦认可的国际条约，保障小型原住民群体的权利。"[③]然而，与挪威不同的是，瑞典和芬兰、俄罗斯没有批准国际劳工组织第 169 号公约。[④]

[①]   Sarah Cogos, Marie Roué and Samuel Roturier, "Sami Place Names and Maps: Transmitting Knowledge of a Cultural Landscape in Contemporary Contexts, Arctic", *Antarctic, and Alpine Research*, 49, no. 1(2017): 50.

[②]   Ibid., 8.

[③]   Ibid., 10.

[④]   Ibid., 8.

挪威、瑞典和芬兰都建立了萨米议会,它们在国家议会中也有议席。然而,在这些层面上施加的影响都较有限,即使在某些方面可能有一定的实力,事实上也无法覆盖整个萨米群体。也许这些举措主要影响的是地方和市一级,正是在这种背景下,我们才能对具体的案例做出概述。案例之一由比杰克利(Bjerkli)提出,挪威北部一个峡湾区一百多年来一直是当地居民与国家之间争议的焦点,所涉大部分土地自 1885 年起正式归挪威政府所有,一部分是自私人地产购买;其他(已开垦)部分则曾是佃农的农民占有。但是随着国家开始出售未开垦土地,持续性的争议出现了,即人民是否有权将土地作为共有公地使用,这项权利当时尚未被法律承认。关于所有权和使用权的争议最终于 1993 年提交挪威法院,当时国家对自由人和主张土地共有使用权的人(比如萨米人)提起了诉讼。法院做出了几项裁决,包括 1999 年时认定土地的国家所有权,但当地人对其中一部分土地拥有使用收益权(土地使用权属于另一方)。2001 年,挪威最高法院又将所有权授予当地人,才最终了结此案。[1]

本案可以引发一些思考,其中一点,劳工组织第 169 号公约被用来为当地人辩护(并最终胜诉)(我们在此要重申一下挪威是四国中唯一通过本公约的)。另一点,对本公约和国际法的其他方面的利用,将这一案件投射到全球环境中,将实质上是地方土地权利争端的问题"纳入全球人权进程的范畴"。[2] 也许最重要一点是,这一调查结果没有对当地人产生不利影响,包括那些不属于萨米人的居民和那些从事驯鹿放牧以外职业的人。事实上,正如比杰克利所指出的,最高法院的裁决不仅排除了任何有关土地管理的指令,而且在长期的争议中,管理事实上是由当地人决定

---

[1]　Bjerkli,Bjørn,Landscape and Resistance,235.

[2]　Ibid. ,222.

的——当地的使用特点是"个人和集体层面的自我调节概念";管理"隐含在人们的行为中,人们知道自己该做什么和不该做什么","对于谁有资格使用森林以及如何使用森林,我们有不成文的法律和意见。社区的氛围会告诉我们什么是可以做的,什么是不能做的。"①

然而,作为首例仅因"当地人"身份就被赋予所有者权利的案件,如果说这一案例为我们解决有争议的山川、为我们以萨米文化视角把山川视为纪念碑提供了一条路径,那么在相关国家的做法和态度没有发生根本改变的情况下,把看起来不可改变的因素纳入考量也很重要。在这方面,我们可以看到,博塞·苏丁(Bosse Sundin)以瑞典人视角讨论瑞典北部一个名为"拉波尼亚"(Laponia)的地区,将自然视为遗产。这里有四个国家公园和两个自然保护区,"自史前时代即由萨米人居住,被认为是斯堪的纳维亚北部保存最完好的游牧牧场之一。"②苏丁引用了联合国教科文组织对该地区自然景观的描述,特别指出机动车辆对当地构成了极其严重的威胁,这就引出了一个显然很有意义的问题,即"萨米人在这一世界遗产中可以做什么?"使用现代化设备(摩托雪橇、摩托车等)来饲养驯鹿可以吗?还是使用传统技术(滑雪板、雪橇等)?③或许更贴切的问题是,萨米人社区以外的任何人或团体又如何能够相信,萨米人有权作出这样的判断?

穆克的文章重申了一个基本观点,即在这四个相关国家(挪威、瑞典、芬兰、俄罗斯)中,主流文化决定了如何看待、保护和尊重萨米文化,每个国家的观点又都受到不同政治和社会结构的影响。因此,比如说,有一个国家承认文化和山川自我管理权,这种承认只在

---

① Bjerkli, Bjørn, Landscape and Resistance, 222.

② Bosse Sundin, "Nature as heritage: the Swedish case," *International Journal of Heritage Studies*, 11, no. 1(2005): 18.

③ Ibid., 19.

单一的物质和文化层面中的一部分具有意义。还有一点,涉及人造物及其意义之间的联想,要正确理解这些联想意义,必须透过萨米人和山川(作为纪念碑)的视角。正如伊娃·西尔文(Eva Silven)指出的,这些物品——若自主流视角观之,仅限于区区博物馆——如若放置于山川间,则具有重要的社会文化甚至政治意义。①

可行的折中方案

人们认为,任何折中都必须建立在牢固的基础上,这个基础要解决的是横亘在萨米人与四个对萨米人进行殖民的国家之间的根本性两难问题。本文导言中简要介绍了萨米人需要季节性穿越传统土地的独特困难,考虑到每个国家对萨米人及其土地采取的不同做法和政策,这一点的难度更大了。例如,虽然挪威通过了国际劳工组织第 169 号决议,但其他三个国家并没有通过;因此,在该公约指导下的任何一项决定,如挪威某区允许当地萨米人使用土地,都不太可能在其他三国萨米人土地上实现。即便瑞典、芬兰和俄罗斯通过了国际劳工组织第 169 号决议,在不同辖区内各国对该决议的解读也不尽相同。例如,第 169 号决议第 14 条规定,"应承认有关人民对其传统占有的土地的所有权和占有权",并"应在适当情况下采取措施,保障有关人民使用不完全由其占有的土地的权利,过去他们依靠这片土地维持生计并从事传统活动"。② 如何承认这些权利,应该采取怎样的措施,什么是

---

① Eva Silven,"Constructing a Sami Cultural Heritage Essentialism and Emancipation,"*Ethnologia Scandinavica*,44(2014):68.

② General Conference of the International Labour Organisation,"C169 Indigenous and Tribal Peoples Convention,"(1989,Article 14),accessed 8 August 2018,https://www. ilo. org/dyn/normlex/en/f? p = NORMLEXPUB:12100:0::NO::P12100_ILO_CODE:C169

适当的情况,这些都是有待商榷的问题,要进一步,很可能从民族国家的角度而被诠释。站在民族国家的角度,人们既不理解,也不会试图去理解山川在传统生活和生计方面的意义,同样也不理解山川作为纪念碑对生活其间的族群的意义。

因此,通过国际组织采取国际途径,承认萨米人的独特地位,并向整个萨米人群体解释他们的土地使用权,是不可或缺的重要举措。如果这些权利是以使用收益权的形式给予的,它根本不会损害有关民族国家的地位,国家将依然保留对土地的管辖权。正如先前所述,比杰克利指出,这并不意味着一方占领土地,或一方主导土地使用并牺牲他人利益。比杰克利特别指出,挪威最高法院的裁决对当地萨米人和从事非驯鹿放牧职业的非萨米人来说,都没有负面影响——地方自决是指在对应该如何使用土地有所认识基础上的地方自治。①

这样一个由当地决定土地用途的框架并不需要取代已划定的荒野地区概念;它会减去那些非紧密相关的各方的负担,因为框架中有较为统一的认识和信念,决定萨米人和其他当地居民应该或不应该做什么。事实上,尽可以放心,这片山川的管理权将掌握在与这片土地相依为命、在此繁衍生息数千年的人们手中,他们早已与土地融为一体。这份折中方案也将适应旅游业的发展,为游客提供旅游设施,但具体条件将由当地社区决定。因此它不是强迫的、具有殖民含义的,也不会延续此前主流价值视角下对萨米人及其生活方式的夸张描画,市政当局不会再试图建立滑雪电缆车和风力发电站而不考虑当地萨米人的意见——最近在瑞典就发生了这样的事情。相反,该方案将基于萨米人的传统和真实生活,包括口口相传的习俗,因为正是这些内容才能充分说明为什么某些地区的山川具有特殊意义,以及山川作为纪念碑的真正意义。

---

① Bjerkli,Bjørn,Landscape and Resistance,236.

结　论

　　近几年和几十年来，国际上对原住民群体给予了相当大的关注，在土地和其他权利方面也作出了一些重大的改变。然而，也许是由于萨米人的独特地位（作为欧洲境内的原住民，始终居住在横跨四个民族国家的传统土地上，而不是被遥远的他国殖民的群体），他们一直难以进入人们的视线，难以获得同样程度的关注。萨米人斗争的一个核心焦点在于：将山川作为纪念碑，这一文化概念，并非定位于一个具有代表性的、通常是人造的宏大建筑，并赋之以含义，而是视地方和环境为生活和记忆所固有。如果不能认识并理解山川及其特定部分具有的深刻文化含义，就会导致更大的误解，比如可能会试图将与荒野、生态保护相关的价值观强加于山川，试图移除人造物，将其放入博物馆。诚然，这种观念从主流文化角度来看有一定意义，但却不是萨米文化的视角。伴随误解一同出现的，还有对传统土地的开发、带有殖民主义色彩的旅游业、滑雪电缆车/风力发电场的建设，和其他明显亵渎萨米人土地和山川信仰的开发利用。恢复殖民前的状况已经不现实，折中和让步很有必要。承认变化，承认相当一部分萨米人已经同化到主流经济和社会之中。本文已经提出了折中方案，其中也涵盖了一项国际倡议，即在不影响民族国家主权的情况下，赋予萨米人土地使用权，相信当地在萨米人和其他非驯鹿放牧居民的经济利益方面的决定，允许当地人自行确定旅游业的性质，以及作为纪念碑的山川的哪些部分意义重大。

作者简介：鲁丁，中山大学旅游学院博士后。

四、私人的生活

非营利组织的道德经济与市场经济[①]
——美国中镇仁人舍的个案

梁文静

很多非营利组织因能在一定程度上满足人们的物质需求而具有经济性质。政治经济学家波兰尼将经济概念区分为形式经济含义和实质经济含义。形式经济含义主要指基于理性的市场经济体系,关心如何在资源稀缺的情况下利用最小投入获得最大产出。实质经济含义,就是指人们为了满足物质需要而与自然环境和社会环境互动的制度化过程。[②] 非营利组织的活动还是道德经济。这一概念来自汤普森[③],包括三方面的涵义:第一,反对市

① 本文受到国家社会科学基金项目"中美民间志愿组织职业化比较研究"(批准号:15CSH062)的资助,之前的一个版本《公益组织的道德经济——以美国中镇仁人舍为个案》,发表在《青海民族研究》2017 年第 2 期,2019 年 2 月 25 日,笔者结合新的一些田野调查经验,在北京大学区域与国别研究院博雅信德工作坊"欧美社会与文化的人类学考察"上报告,之后结合反馈意见修改,更新而成。特此说明和致谢,文责自负。

② 参见〔匈〕波兰尼:《经济:制度化的过程》,侯利宏译,载许宝强、渠敬东选编,《反市场的资本主义》,北京:中央编译出版社,2000 年,第 33—41 页。

③ 虽然"道德经济"不由汤普森首创,但从他开始,此概念才开始变得重要。斯科特东南亚道义经济的研究似乎在国内更广为人知,但汤普森提到斯科特道义经济学的措辞来自于他,参见〔英〕汤普森:《道德经济学的再考察》,见《共有的习惯》,沈汉、王加丰译,上海:上海人民出版社,2002 年,第 346 页。

场经济单纯追逐利益的做法①，这是它的基本立场；第二，跟阶级关联在一起，阶级分化是其背景；②第三，强调赠予③。那么，非营利组织的道德经济与市场经济之间是什么关系？笔者将结合美国中镇仁人舍的个案来探究。

仁人舍（Habitat for Humanity）是美国一家帮助中低收入人群获得房屋的非营利组织。它由米勒德·富勒（Millard Fuller）于 1976 年 9 月创立。美国前总统卡特夫妇参与其志愿活动，并给予大量支持。它现在遍布美国 50 个州以及世界上 70 多个国家，已在住房方面帮助了 2900 万人。④ 中镇位于印第安纳州首府印第安纳波利斯东北方向、大约一小时车程的曼西市（Muncie，Indiana）。它被称作中镇（Middle town），来自林德夫妇。他们于 20 世纪 20 年代、30 年代在那里开展调查，在此基础上写成的著作⑤

汤普森第一次使用"道德经济"是在《英国工人阶级的形成》中，参见〔英〕汤普森：《英国工人阶级的形成》，钱乘旦等译，南京：译林出版社，2001 年，第 55—61 页。他还有两篇文章《18 世纪民众的道德经济学》和《道德经济学再考察》专门探讨"道德经济"，参见《共有的习惯》。

①　汤普森称之为"反资本主义"，并追溯到 1837 年布朗特里·奥布莱恩在此意义上使用"道德经济"。奥布莱恩指出"真正的政治经济学像真正的家庭经济学；它不单单在于奴役和积累"，批评"冒充内行的骗子总是在瓦解慈爱，不断地把它换成生产和积累……他们始终不愿纳入视野的就是道德经济学"，见〔英〕汤普森：《道德经济学的再考察》，第 343 页。

②　"在阶级或社会力量的某种特定平衡中，它分配经济角色和推行习俗惯例"，参见 E. P. Thompson，"The Moral Economy Reviewed"，in *Customs in Common*（London：Penguin Books，1993），p. 340.

③　根据马克·埃德尔曼（Marc Edelman）的总结，后来道德经济的用法从汤普森等人的阶级冲突论转向平衡论，即"莫斯对给予以及接受义务的强调"，参见 Marc Edelman，"E. P. Thompson and Moral Economies"，in *A Companion to Moral Anthropology*，ed. Didier Fassin（Malden，MA：John Wiley & Sons，Inc，2012），p. 62；〔法〕莫斯：《礼物：古式社会中交换的形式与理由》，汲喆译，上海：上海人民出版社，2005 年。

④　仁人舍网站，https：//www. habitat. org/about/history，2019 年 11 月 24 日访问。

⑤　Robert S. Lynd and Helen Merrell Lynd，*Middletown：A Study in Modern American Culture*（New York：Harcourt，Brace and Company，1929）；*Middletown in Transition：A Study in Cultural Conflicts*（New York：Harcourt，Brace and Company，1937）. 其中第一本书有中译本：〔美〕罗伯特·S. 林德、海伦·梅里尔·林德：《米德尔敦：当代美国文化研究》，盛学文等译，范道丰校，北京：商务印书馆，1999 年。

成为社区研究的典范。中镇仁人舍是仁人舍在中镇地方的分支
机构。

从 2011 年 1 月到 2012 年 1 月,笔者对中镇仁人舍开展了为
期一年的人类学田野调查,主要采用参与观察、访谈和收集地方
资料的方法。在参与观察方面,笔者志愿参加了三座仁人舍新房
屋的建造和两座旧房屋的维修,积极参与中镇仁人舍的相关活动
比如理事会会议、筹款活动等,与当地人家住在一起。当时笔者
完成约 60 个访谈,曾在当地鲍尔大学档案馆和佐治亚州的仁人
舍总部档案馆查阅相关资料。2018 年 2 月—2019 年 2 月,笔者
回到中镇,对中镇仁人舍开展跟踪调查并将其置于中镇社区当中
考察,调查范围扩大,完成约 100 个访谈。中镇仁人舍自身也发
生了变化。它加入到仁人舍的社区复兴项目(neighborhood revi-
talization)当中,成为其十个重点资助的试验点之一。[①] 原来它主
要是建造新房屋,现在还修复旧房屋,并联合其他的非营利组织
组成 8—12 联盟,采用整体的观念,从住房、教育、环境美化等各
个方面复兴社区。

结合中镇仁人舍的例子,本文第一部分从其反资本主义方面
说明非营利组织是一种道德经济,并对市场经济具有补充作用。
第二部分通过展现企业家的捐赠行为,说明非营利组织有助于维
持市场经济下的社会秩序。第三部分将结合"非营利企业"的例
子,说明非营利组织还要遵循市场经济的规范。

一、反对市场经济单纯逐利:反资本主义

与汤普森的道德经济一致,中镇仁人舍反资本主义,一些相

---

① 仁人舍网站可见有关中镇仁人舍领导下的社区复兴项目进展情况的视频,
https://www.habitat.org/impact/our-work/neighborhood-revitalization,2019 年 11
月 24 日访问。

关理念、政策和行动如下：

(一)反资本主义的理念

仁人舍起源于 1942 年基督教学者克拉伦斯·乔丹(Clarence Jordan)等建立的共享农庄(Koinonia Farm)。Koinonia 来自希腊新约手稿，"根据情况可以翻译为共享(communion)、集聚(collection)或伙伴关系(fellowship)"。① 米勒德·富勒在 30 岁前就通过自己的努力成为百万富翁，但深陷于对金钱和物质的追逐之中。1968 年，他放弃生意，加入共享农庄。

1968 年 8 月，乔丹在他和富勒召集的"伙伴运动"讨论会上，指出从基督徒的角度看，资本主义社会存在很多问题。比如，在土地所有权上，土地跟空气一样，所有权属于上帝，而不是某个人的私有财产；人们应该根据需求获得使用权，无人拥有从土地谋取利润的权利。资本主义私有制还带来人与人之间的疏远隔绝、孤单、匿名性(anonymity)、竞争等。②

为此，乔丹等人提出伙伴关系，并把仁人基金作为合伙的容器。它接受捐赠及无息贷款，并以无息贷款帮助承担不起商业房贷的家庭建房。接着伙伴建房项目从中发展出来，这是仁人舍的雏形。③

仁人舍早期还提倡与市场经济不同的"基督经济学"(The Economics of Jesus)。这由富勒于 1980 年提出，主要来自耶稣基督用五片面包和两条鱼让一大群人吃饱的故事。具体到仁人舍，它的内容包括：第一，建房无利润，房贷无利息；④第二，仁人舍的建房资金

---

① Dallas Lee, *The Cotton Patch Evidence*: *The Story of Clarence Jordan and the Koinonia Farm Experiment*(*1942—1970*)(Eugene, OR: Wipf & Stock,1971),p. 26.

② 尽管新教伦理与资本主义之间存在着亲和关系(见韦伯《新教伦理与资本主义精神》)，但基督教信仰蕴含着某些反资本主义的因素。

③ Dallas Lee, *The Cotton Patch Evidence*: *The Story of Clarence Jordan and the Koinonia Farm Experiment*(*1942—1970*),pp. 206—220.

④ 富勒在此援引《圣经》里的话作为依据："如果有人……住在你附近，变穷了……不要让他为你借的钱支付利息，不要在你卖给他的食物上谋利"(利未记 25:35,37)。参见 Millard Fwller & Diane Scott,*Love in the Mortar Joints*: *The Story of Habitat for Humanity*(Clinton, NJ: New Win Publishing, Inc. ,1980),pp. 91,99。

主要来自当地仁人基金，这又来自于捐赠、房贷还款以及所属商店的营利；第三，世上贫富差距很大，富人有义务向穷人分享财富；第四，"人们的需求最重要，对这些需求的满足跟人们是否有用或生产能力的高低无关。恩惠和爱平等地面向所有的人"。①

（二）房贷无利息的政策

笔者总在仁人舍材料中看到，也总听中镇仁人舍强调伙伴家庭②的房贷无利息。2011 年笔者有次访谈中镇仁人舍创办者莎伦时，她郑重地告诉好几遍："我们不收任何利息，无利息。"这让笔者感到奇怪，无利息如何是一件值得强调的事情？笔者的老家位于河北某县城，尽管每到年关商人们要去催账，但无利息地赊账给乡亲们一段时间是很平常的事情。然而，在追逐利益的资本主义社会，给人们提供无息房贷不同寻常。在中镇，笔者向一些人提起仁人舍房屋的房贷利息是零，有的人还确认"这是真的吗？"之后连连感叹"真是一笔好交易"。

无息房贷的循环与市场经济下的资金循环不同。这有两种方式看待：一是，这笔房贷本可以像马克思生息资本公式所表明的那样货币 G 以 G'（G'＝G＋利息 ΔG）的形式回来③，但伙伴家庭归还的只是房屋成本 G，并且这笔资金流向去帮助其他伙伴家庭建房而没有用来投入生产利息；二是，资金本可以不断地投入生产越来越多的商品和利润，即商品 W' 本可以变为增多了的 W''④，但仁人舍的资金被投入某户伙伴家庭的房屋，这户人家在二十年内

---

① Millard Fuller & Diane Scott, *Love in the Mortar Joints: The Story of Habitat for Humanity*, pp. 89—98.

② 仁人舍称呼申请并获得其房屋的人们为伙伴家庭。行文方便起见，本文采用这一说法。

③ 〔德〕马克思：《资本论》（第三卷），郭大力、王亚南译，上海：上海三联书店，2011 年，第 237 页。

④ 同上书，第 48 页。

无息还款,这笔还款再被投入另一户伙伴家庭的房屋,这样获得房屋的人家越来越多。总之,通过无息房贷,仁人舍获得了可循环的资本来服务更多家庭;伙伴家庭在以自己的力量获得房屋并为他人的房屋做贡献,这是体面和有尊严的事情。

如果没有无息房贷的政策,伙伴家庭将买不起仁人舍房屋。2011 年中镇互助银行行长博茨告诉笔者,一般情况下人们所归还的 20 年房贷总额会比本来的房价多出一半;而如果是一个 30 年的房贷,还款总额将是本来房价的两倍甚至三倍。

(三)社区复兴的行动

20 世纪下半叶直到 21 世纪,受市场经济的影响,中镇大工厂接二连三地关闭。这些工厂大部分分布在中镇南部,生活在工厂附近的基本上是工人。[①] 工厂关闭造成大片的工业废墟,许多人离开而到其他地方寻找工作,只有那些生活困难、无法离开的人留了下来。该地区不少房屋也因人们的离开而被废弃、破旧不堪,逐渐成为无家可归者、吸毒者停留的地方。

一些人出于基督教与穷人同住的理念,主动搬到该社区居住,成为社区积极分子。他们同时还是当地非营利组织的负责人或工作人员。比如中镇仁人舍的首席执行官琳希与其丈夫最先搬到中镇南部,之后影响了大批富有宗教理想的年轻人搬迁过来。他们还建立了自己的教会,吸引当地人以及其他社区有着相同理想的年轻人加入,逐渐发展成为一种基督教社区运动。

为了挽救这些社区,中镇仁人舍加入到仁人舍总部的复兴社区项目中,并在 2015 年与曼西使命、男孩女孩俱乐部、罗斯社区中心、中南社区联合会等非营利组织以及一些教会成立 8—12 联盟。8—12 来自中镇南部第 8 街与第 12 街的名字,代指这两条街

---

① Robert S. Lynd and Helen Merrell Lynd, *Middletown in Transition : A Study in Cultural Conflicts*, the map on the pages inside the book cover.

之间及周边的部分区域。

2017 年,8—12 联盟完成的社区复兴活动包括:在房屋方面,8—12 联盟共拆毁旧房屋 5 栋,为土地银行(land bank)获得房地产 4 块,为一些人家修葺房屋(其中,3 户置换房屋屋顶,6 户维修房屋的一部分,6 户维修整栋房屋),购买房屋进行修复(生态维修公益组织修复房屋 1 栋,城市之光社区发展组织维修房屋 1 栋),中镇仁人舍新修房屋 1 栋,新准备过渡房屋(transitional housing)1 栋。在教育和家庭方面,罗斯社区中心学前班开学,南景小学幼儿园开学,个别辅导课程(individual counseling sessions)开展过 90 次。在环境美化方面,马林-亨特菜地凉亭修建完成,另外新建两块社区菜地。在商业发展和就业方面,在居民创立小型企业方面进行培训(有 9 名参加,有 3 名获得资助开展活动),男孩女孩俱乐部组织青少年为社区开展割草商业服务。此外,8—12 联盟组织了社区聚会、聚餐、菜地聚会、万圣节讨糖活动以增加人们的社区感,并开展了社区大扫除等活动。①

总之,在市场经济影响下,资本从社区撤出,但非营利组织努力为这样的社区吸引投资,开展社区复兴活动,对市场经济造成的问题起到了一定的补救作用。

二、维持市场经济的力量:企业捐赠

企业一般以利润为导向,但中镇仁人舍运作资金很大一部分

---

① 来自仁人舍《社区复兴手册》(*Neighborhood Revitalization Booklet*);8—12 联盟 2017 年通讯《8—12 联盟社区复兴》。这部分出现的一些非营利组织相对应的英文是:曼西使命(Muncie Mission)、男孩女孩俱乐部(Boys and Girls Club)、罗斯社区中心(Ross Community Center)、中南社区联合会(Southcentral Neighborhood Association)、8—12 联盟(8—12 Coalition)、生态维修公益组织(Eco Rehab)、城市之光社区发展组织(Urban Light Community Development Corporation)。

来自企业家的捐赠，这反映了企业以非营利组织为中介的赠予或道德经济实践。

根据中镇仁人舍 2011 年年度报告，2011 年中镇仁人舍来自商业的捐款是 122039.68 美元，占其总收入的 15.4%。① 印第安纳波利斯联邦房屋贷款银行捐款超过 25000 美元；吉尔兄弟公司、软木木业公司捐赠在 10000—24999 美元之间；卡车销售公司、家得宝基金会、沙弗尔基金会捐赠在 5000—9999 美元之间；互助银行慈善基金会、ASONS 房产保护专家、百思买、西蒙斯会计事务所、第一商人银行、印第安纳密歇根电力公司、JGB 房地产公司、罗克·坦恩造纸公司捐赠在 1000—4999 美元之间；Accutech 财务金融软件开发公司、CS. 克恩印刷公司、互助银行捐赠在 500—999 美元之间；杰克照相馆、帕默花盆制造商、T. I. S. 大学书店等捐赠在 100—499 美元之间。

除资金外，一些企业提供好意捐赠（gift in kind）。这主要指服务、物资方面的捐赠，即所提供的服务或物资免费。根据中镇仁人舍 2011 年年度报告，2011 年中镇仁人舍的好意捐赠折合90228.12 美元。当时几乎每一栋中镇仁人舍房屋，下列伙伴都会帮忙：惠而浦公司捐赠火炉、电冰箱、洗衣机和烘干机等；美国联合评估公司在对房屋价值评估的费用上有优惠；沃伦律师事务所在法律事务方面提供帮助；陶氏公司和约翰·曼威尔公司分别捐赠墙壁和屋顶上的保温层；三人公司帮助安装雨水槽；方 D 公司捐赠一些电力用品；TK 建筑公司捐赠屋梁；威士伯公司免费提供油漆类物品；印第安纳州产权公司免费提供土地产权保险；阿什顿土地调查所帮助确定土地产权和位置以及房屋的位置和界线；互助银行免费提供追踪债务的服务，即向中镇仁人舍免费提供伙

---

① 根据 2016 年对中镇仁人舍财务工作人员凯莉的邮件问询，来自与商业相关的基金会的捐赠被归类为来自商业的捐赠，而不是来自基金会的捐赠。

伴家庭该月是否还款的信息。

　　还有一些企业提供物资或志愿者服务的例子：2011 年 9 月，在中镇仁人舍一周建房活动的最后一天，当地橄榄园意大利餐厅为中镇仁人舍志愿建房活动免费提供午餐（见彩图 3）；劳氏公司是一家销售建筑、装修材料的大型超市，在全国层面以及地方层面与仁人舍开展合作，基本上每年都会开展公益活动。因为劳氏公司跟仁人舍有合作，中镇仁人舍所在的 8—12 联盟的其他非营利组织也受益。2018 年 5 月，劳氏公司帮助 8—12 联盟当中的罗斯社区中心美化环境，并做了一幅壁画，展现当地工厂关闭以及社区中心如何帮助人们从中恢复过来的场景（图 1）。

图 1　2018 年 5 月，劳氏公司员工正在为罗斯社区中心绘制壁画

　　另外，一些企业家会以个人身份给中镇仁人舍捐赠。比如互助银行行长博茨·帕特在仁人舍做志愿者并捐赠。他认为这种付出很值得，让他有机会去帮助那些银行无法帮助购房的人们。一些企业家或企业还创立了基金会，通过基金会支持非营利组织。比如鲍尔兄弟在中镇 19 世纪末的天然气热潮时期过来开办玻璃制造厂，1926 年成立鲍尔兄弟基金会，①基本上每年都会为中镇仁人舍提供资助，其 2011 年年度报告上就提到资助中镇仁人舍的建房活动。②

这固然体现出美国企业家的"双重人格"："那些大财团巨头在致富过程中巧取豪夺、残酷无情，如老卡耐基、老洛克菲勒之流有'强盗爵爷'的绰号；而在捐赠中又如此热忱慷慨、急公好义，以社会乃至人类的福祉为己任"，③但其实并不矛盾。企业主动承担社会责任的背后可能有不同的动机④，也从中获得诸多好处——企业捐赠有利于树立企业良好形象、维持企业家的社会地位以及市场经济下既有的社会经济秩序。⑤ 比如，鲍尔家族通过鲍尔兄弟基金会为社区提供各种资助，并一直在中镇拥有重要影响。企业慈善与其财富创造之间也有着密切联系，⑥企业意识到它的发展有赖于社区。中镇互助银行行长博茨就表示，只有社区更强，社区当中的人有工作，可以消费、借钱、创办生意、购买房屋，银行才能更好地运转，获得利益。⑦

---

① 鲍尔兄弟基金会，https：//www.ballfdn.org/about-bbf/bbf-history/，2019 年 11 月 24 日访问。

② 鲍尔兄弟基金会 2011 年年度报告，https：//www.ballfdn.org/wp-content/uploads/2014/04/bbf-ar-2011.pdf，2019 年 11 月 24 日访问。

③ 参见资中筠：《财富的责任与资本主义演变：美国百年公益发展的启示》，上海：上海三联书店，2015 年，第 3 页。

④ 人们从事慈善活动有各种各样的动机，比如获得税收抵免、维持和提高社会地位等，参见〔美〕马修·比索普 & 迈克尔·格林：《慈善资本主义：富人如何拯救世界》，北京：社会科学文献出版社，2011 年，第 33—52 页。人们参与志愿者活动，也有多种动机，参见梁文静：《作为日常生活的志愿参与——美国中镇仁人舍的 involvement 案例》，《西北民族研究》2013 年第 3 期，第 202—203 页。

⑤ "市场经济社会中公益慈善事业的发展却有其背后的政治经济动因。公益慈善为社会构成的重要部分，同时发挥着维持社会结构稳定的作用"，参见陈志明：《人类学与华人研究视野下的公益慈善》，《中山大学学报》（社会科学版），2013 年第 4 期，第 110 页。

⑥ 〔美〕乔治·恩德勒：《美国的慈善伦理与财富创造》，刘妍、王伊璞译，《上海师范大学学报》2014 年第 1 期。

⑦ 来自梁文静 2019 年 2 月 8 日对中镇互助银行行长帕特·博茨（Pat Botts）访谈的资料。

三、遵循市场经济的规范：非营利企业

　　非营利组织如中镇仁人舍会采用营利组织的一些方法[1]，非营利组织与营利组织之间的界限变得模糊[2]。一些志愿者跟笔者谈到，现在的中镇仁人舍更像在做生意。笔者也注意到，仁人舍很多时候采用出售房屋给伙伴家庭或伙伴家庭从仁人舍购买房屋的说法。另外，"中镇仁人舍"在完全担保地契[3]、购买房贷说明、房贷协议等文件中被定位为"非营利公司"（nonprofit corporation）。"非营利企业"（nonprofit enterprise）的说法变得合适起来。[4] 这主要指非营利组织像企业一样运转：有收支，使用雇佣员工，制定战略规划，遵循市场经济的规范，不断采用新技术、拓展新的服务群体和开展新项目。下文将具体说明。

（一）收支情况

　　中镇仁人舍虽然整体上没有营利，但有收入和支出。[5] 比如，

---

　　[1]　Richard Bush,"Survival of the Nonprofit Spirit in a For-Profit World", *Nonprofit and Voluntary Sector Quarterly*, Vol. 21, No. 1992, p. 395.

　　[2]　Jude L. Fernando and Alan W. Heston,"Introduction：NGOs between States, Markets, and Civil Society", *Annals of the American Academy of Political and Social Science*, Vol. 554, 1997, p. 11.

　　[3]　"完全担保地契"是表示中镇仁人舍将房地产交给伙伴家庭的主要文件。

　　[4]　非营利企业的说法来自爱德华·斯克洛特（Edward Skloot）编《非营利企业：创办项目活动以获取收入》（*The Nonprofit Enterpreneur：Creating Ventures To Earn Income*, published by The Foundation Center, 1988）一书的书名。在这里采用非营利企业，而不是社会企业的说法，是因为社会企业更强调"通过自身的运营实现财务上的可持续性"。见徐永光：《影响力投资时代来了》，北京论坛"社会企业专场研讨会 SE PANEL 可持续与均衡发展中的社会企业：东亚的视角"会议资料，北京大学 2013 年 11 月 2 日，第 40 页。而中镇仁人舍二手店和房贷收入只占其收入的一部分。

　　[5]　非营利组织可以有营利，但这部分营利必须用在公益慈善上，而不是在其运营者身上。见 Henry B. Hansmann,"The Role of Nonprofit Enterprise", *The Yale Law Journal*, Vol. 89, No. 5, 1980, p. 838. 比如，中镇仁人舍二手货物店的利润用在了仁人舍房屋的修建上。

2011 年中镇仁人舍总收入是 792680.53 美元,其中二手货物店[①]收入占 11.1%(88128.19 美元),伙伴家庭归还的房贷收入占 19.5%(154663.05 美元)。2011 年中镇仁人舍的总支出是 811164.40 美元,其中筹款活动支出是 134271.11 美元。根据 2016 年对中镇仁人舍财务工作人员凯莉的邮件问询,筹款活动支出主要包括中镇仁人舍财务工作人员凯莉、吉娜的全部工资以及执行主任琳希、办公室工作人员艾米的部分工资,还有筹款方面的花费,比如下文提到的早餐募捐活动以及年度报告、节日问候、通讯等的印刷和邮寄等方面的支出通常是 3 万美元。

图 2　2019 年 1 月,中镇仁人舍二手货物店一角

(二)使用雇佣员工

自 1986 年成立一直到 1993 年,中镇仁人舍的管理者和建房

----

① 中镇仁人舍的二手货物店(图 2)将一些用不到的实物捐赠比如家具等以合理价格卖出。

者全是志愿人员,理事会主席总负责。它共有 12 个工作委员会:选址委员会、选择伙伴家庭委员会、培育伙伴家庭委员会、建房委员会、公共关系委员会、财务委员会、募款委员会、庆祝委员会、志愿者委员会、工作营委员会、仓库委员会、提名委员会。

中镇仁人舍开始雇佣员工后,这些委员会被逐步取消。比如,中镇仁人舍创始人莎伦的丈夫阿伦是一名电工,他曾志愿安装一些房屋的电线,而现在中镇仁人舍雇佣电工。以前,律师彭斯为中镇仁人舍提供免费的法律服务,而现在它开始购买律师服务。因为完全依靠志愿者的话,很多时候需要等待他们的空闲时间,而使建房过程非常缓慢。再就是,一些建房环节比如铺屋顶雇佣专业人士完成相对安全。

2011 年时,中镇仁人舍的工作人员主要包括首席执行官琳希、项目主管詹娜、财务主管凯莉和负责房屋修建的杰森。工作委员会只有四个,即治理委员会、财务委员会、选择伙伴家庭委员会和绿色节能建房委员会。这些委员会由仁人舍工作人员、现在的理事会成员组成,有时还包括以往的理事会成员或对仁人舍活动参与很多的人们。治理委员会负责组织章程的制定修改以及理事会成员的邀请和任命。财务委员会对资金的获取和使用情况进行监管。选择伙伴家庭委员会负责到申请仁人舍房屋的人家开展实地考察和访谈,并将情况反馈给理事会。绿色节能建房委员会负责对建房技术和材料等进行讨论。2018 年时,随着中镇仁人舍的工作范围扩展到社区复兴方面,员工人数明显增加。

(三)制定战略规划

在雇佣更多专职人员的情况下,中镇仁人舍开始对修建房屋进行战略规划,建房速度变快。中镇仁人舍第一栋房屋的建造耗时 18 个月,第三栋房屋用了 6 个月的时间。而在 2001 年,它在一年的时间里共建成 5 栋房屋。2007 年,它修建了 8 栋房屋。从

1997 年到 2011 年的这 15 年间，它共服务了 82 个家庭。2011 年它的第 100 栋房屋落成。① 在社区复兴方面，由中镇仁人舍主导的 8—12 联盟也制定了战略规划。

一开始为中镇仁人舍，现在仍为 8—12 联盟制定战略规划的是当地大学经济学教授雷·蒙塔格诺。他的专业是企业心理学，主要为企业制定战略规划。但他把给企业制定规划的办法用在非营利组织上，来帮助非营利组织提高效率。②

(四)遵循市场经济的规范

这里以债务出售、房贷管理、宣传等为例来说明中镇仁人舍遵循市场经济规范的情况。

在债务出售方面，伴随着建房速度加快，中镇仁人舍有时缺乏资金，不得不把伙伴家庭欠他们的债务卖给银行，以即时获得大笔现金。③ 但它只能获得原来金额的 85% 或 80%，而其余的 15% 或 20% 归银行。中镇仁人舍将伙伴家庭的房贷卖给银行，而由伙伴家庭直接还贷给银行，相当于伙伴家庭从银行借款。但如上所述，伙伴家庭的房贷无利息，那利息由谁承担呢？中镇仁人舍将房贷卖给银行时被扣掉的费用其实相当于伙伴家庭从银行借钱产生的利息，由中镇仁人舍和社会承担。比如建房需要 5 万美元，但仁人舍只从银行获得 4.25 万美元，剩下的 0.75 万美元由中镇仁人舍从社会筹款。中镇仁人舍认为银行拥有收费的权利，因为本该它等待 20 年才获得的 5 万美元现金，现在尽管只

---

① 从 2011 年开始，中镇仁人舍投入到修复旧房屋上面，每年修复 1—2 栋房屋。如前文所述，去工业化导致很多人离开中镇，留下一些房屋无人照料而逐渐破败不堪，中镇仁人舍将这些破旧的房屋购买下来，联合其他非营利组织修复。

② 来自梁文静 2019 年 2 月 5 日对当地的鲍尔州立大学经济学教授雷·蒙塔格诺(Ray Montagno)的访谈资料。

③ 根据 2012 年对中镇仁人舍财务工作人员凯莉的邮件问询，2011 年前后，中镇仁人舍每年出售两笔伙伴家庭的债务给银行。

获得 4.25 万美元,但立即可得并用在建房上面,而由银行在未来
20 年的每个月等着收集伙伴家庭的 5 万美元。

在房贷管理方面,中镇仁人舍因借鉴了银行的一些办法而像银
行。比如,在选择伙伴家庭时,它会像银行一样要求房屋申请者证
明偿还房贷的能力。除了要求有工作外,它还会像银行一样参考这
些房屋申请者以往信用卡还债的情况。如果伙伴家庭因为生活境
况的变故无法还款,房屋会被仁人舍收回,中镇仁人舍也像银行一
样将之称作丧失抵押品赎回权。中镇仁人舍确实拥有这样的一些
房屋,并像银行一样对它们进行诸如定期割草之类的日常管理。

在宣传方面,仁人舍采用商业部门的一些办法。比如商业部门
会把宣传单邮寄给人们,而它用这种方法将年终总结、参加交房仪
式的邀请函、感谢信、节日问候以及募捐卡等寄送给人们来争取更
多捐赠。中镇仁人舍也会购买专业的商业宣传服务,比如由它主导
的 8—12 联盟付费请当地一家宣传公司来为其设计网页。

(五)采用新技术、拓展新的服务群体和开展新项目

熊彼特认为企业家是对生产方式进行新组合的个体,有五种
组合方式:1. 引进一种新产品;2. 采用一种新生产方法;3. 打开
一个新市场;4. 征服或者控制原材料或半制成品的某种新的供给
来源;5. 开始施行新的组织形式。[1] 丹尼斯·R. 扬(Dennis R.
Young)在此基础上,认为"当一个组织采用新技术,提供新服务,
或者寻找新的顾客群体,它就在实施新组合而是企业行为"。[2]

中镇仁人舍在不断地采用新技术。比如,2011 年它采用软件
为女性建房项目集资了 12000 美元。在寻找新的服务群体上,中

---

① 〔美〕熊彼特:《经济发展理论:对利润、资本、信贷、利息和经济周期的探究》,
叶华译,北京:中国社会科学出版社,2009 年,第 85 页。

② Dennis R. Young, *If Not for Profit, for What?* (Lexington, Mass.: Lexing-
ton Books, D. C. Health and Company, 1983), pp. 21—25.

镇仁人舍不断地在寻找新的伙伴家庭、志愿者和捐赠者。在提供新服务方面,比如 2011 年它开始为一些低收入者提供修复房屋的"好意之刷"服务,这同时是仁人舍的新项目。它所开展的新项目还比如从 2003 年开始每年春天举办的早餐募捐活动,它会邀请人们来捐赠或承诺捐款(make pledges),2017—2018 年每年都有七八百人参加(例如图 3)。

图 3   2018 年 4 月 19 日中镇仁人舍的早餐募捐活动

四、结　论

当中上收入阶层与底层民众之间保持互惠①关系或道德经济得以实践时,社会处于平衡状态。一旦中上收入阶层未能履行其对底层民众的义务,当后者的基本生存受到威胁时,就有可能发

① 这里的"互惠"主要借鉴斯科特的用法,发生在"地位不同的主体之间"。比如斯科特关于 20 世纪初吕宋中部地区地主和佃户互惠的例子。见〔美〕斯科特《农民的道义经济学:东南亚的反叛与生存》,程立显、刘建等译,南京:译林出版社,2001 年,第 217、224 页。

生阶级冲突。比如,在 18 世纪英国民众粮食骚动的案例中,旧家长制下的社会体现了平衡,自由市场经济影响下粮价上涨及之后发生的"粮食骚动"体现了社会的失衡。①

非营利组织就是这样的道德经济,起到了平衡市场经济的作用。中镇仁人舍的个案体现了非营利组织反对市场经济单纯追逐利润的做法,强调赠予。它还能够满足一些人的物质需求,是对市场经济的重要补充,维持了市场经济的社会经济秩序。另外,它接受和采用市场经济的一些运作方式,遵循市场经济的规范。这有利于非营利组织被其他市场主体认可,并让其运转更有效率。

受波兰尼实质经济含义与形式经济含义区分的启发,笔者将市场经济区分为形式市场经济和实质市场经济。形式市场经济主要指单纯追逐利益的自由市场经济。实质市场经济指实际运行的市场经济社会,是"市场制度和非市场制度及动机的混合"。②非营利组织的道德经济虽然反对形式市场经济,但是实质市场经济的一部分。换言之,实质市场经济不仅包括逐利的形式市场经济,还包括不为利的道德经济。

作者简介:梁文静,重庆大学人文社会科学高等研究院讲师。

---

① 〔英〕汤普森:《18 世纪英国民众的道德经济学》,见《共有的习惯》,第 241—256 页。

② Fred Block,"Rethinking Capitalism",*Readings in Economic Sociology*,ed. Nicole Woolsey Biggart(Malden,Mass.:Blackwell Publishers Ltd.,2002),pp. 224—225.

居住与"有尊严的生活"
——有关德国"工人住宅区"的一项人类学研究[①]

周歆红

影响了西方几代城市规划师和设计师的威廉·怀特(William H. Whyte)通过他的著作不断呼吁:"应该把城市看成是人的居住地,而不是简单地作为经济机器、交通节点或巨大的建筑展示平台。"[②]本文将选择两个案例来说明,"人的尊严"(Menschenwürde/human dignity)这一概念对于德国建筑设计和城市规划的重要性。创建"合乎人尊严的"的居住环境,是一个社会大工程,同时也与政治经济发展大背景密切相关,因此本文也呈现德国保护性反向运动如何有助于"有尊严的生活"成为人居环境建设中的理想和标准。

人类学对于各类社会的经济或经济生活的研究,受到波兰尼的重大影响。波兰尼(Karl Polanyi)认为,在 19 世纪之前的传统

① 本文是长文《经济与"有尊严的生活"——一项德国"反向运动"的人类学研究》中的一节,文章刊于《人类学研究》第肆卷(2014)。感谢《人类学研究》编辑部同意将文章部分内容收入本书,此次再版图文略有增改。

② 怀特(William H. Whyte):《小城市空间的社会生活》,叶齐茂、倪晓晖译,上海:上海译文出版社,2016 年。

社会,经济只是社会系统的一个有机组成部分,它们"嵌入"于整体社会关系之中。而 19 世纪以后,随着自发调节、自由放任市场经济体系的建立,长期稳定的社会结构逐渐被打破,经济"脱嵌"于社会,甚至社会的运转反而受市场的支配。但波兰尼进一步指出,市场力量的扩张或早或晚会引发旨在保护"人、自然和生产组织"的"反向运动"(counter-movement),这两种力量的针锋相对也被他称为"双向运动"(double movement)①。

双向运动在很大程度上决定了现代社会的走向。在德国,"社会国原则"在国家宪法层面(德国基本法)的确立,是保护性的反向运动在这个国度取得成就的一大标志。"社会国"理念的出现是对自由资本主义的修正,"为所有人提供有尊严的生活"是其目标之一②。"有尊严的生活"在德国社会中已成为一个常用词,在日常生活、媒体和经济管理领域频繁出现。

下文要呈现的两个案例,以我在德国巴登-符腾堡州(简称巴符州)所进行的民族志调研为基础,讨论德国社会中有关于居住与"有尊严的生活"的讨论和实践。文章首先呈现该地区与"住房和城市规划"有关的两个案例,并分析案例的宏观社会、政治和历史背景。既通过 19 世纪德国工人住宅(区)建设和田园城市运动来理解这两个案例,同时也依托这两个案例分析在工人住房问题上反向运动如何有助于德国社会保障公民"有尊严的生活"。

本研究的实地调查主要在巴符州的 U 城、罗伊特林根市和州府斯图加特,参与观察与深度访谈主要集中在 U 城卢斯

---

① Polanyi,Karl 1944. *The Great Transformation*:*Economic and Political Origins of Our Time*. New York:Rinehart.

② 参见张翔:《财产权的社会义务》,《中国社会科学》,2012 年第 9 期,第 100—119 页。

瑙城区和其他几个城区。民族志调研时间为 2006 年 12 月至
2007 年 12 月、2008 年 2—10 月、2010 年 8—10 月,不过当时
的调研重点是一家纺织企业和其他一些社会组织①,关于住宅
与人居环境的问题,是在这些调查过程中逐渐发现的。为保护受
访者的隐私,本文中对一些地名、企业名和被访者姓名等做了技
术处理。

图 1   U 城在德国和巴符州的地理位置

---

① 周歆红:《作为共同体的企业——德国一家纺织企业的民族志研究》,2012 年
北京大学博士论文。

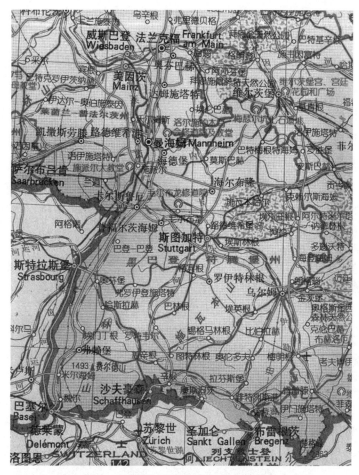

图 2 巴符州以及附近地区的主要城市

在德国联邦政府和州政府的官方话语中,巴登-符腾堡州(简称巴符州)都有相当正面的形象:经济发达、外向型、创新能力强、企业家精神、失业率低于德国各州、人口出生率高于死亡率(这在德国联邦州中独一无二)。2004—2005 年的一项比较研究显示,该州居民的生活满意度为全德最高①。

---

① McKinsey-Studie, 2004—2005. *Projektbericht Perspektive-Deutschland 2004/05*. Düsseldorf:McKinsey & Company.

　　巴登-符腾堡州是德国"二战"之后重构的行政地区。从历史发展来看，"巴登"与"符腾堡"在传统上有一些地方性的差异。笔者的田野调查地属于符腾堡地区，位置大致与德国民族国家创立之前的符腾堡独立邦国相吻合。符腾堡地区在工业化之前属于德国相对贫困的地区，主要因为耕地稀少，自然资源匮乏。所以此地也是"后发"工业化地区的成功典范之一。符腾堡地区的方言被称为施瓦本语，与标准德语差异很大，是本地人自我调侃也被人调侃时常用的一个话题。这个区域也被泛泛地称为"施瓦本"地区。而"爱动脑筋"甚至"苦思冥想"的钻研精神、"勤劳""能干""坚忍"这些名词经常被用来描述施瓦本人。施瓦本地区的精工制作在手工业时代就很有名，到了现代，这里的精密机械（罗伯特·博世有限公司）、汽车工业（戴姆勒-奔驰、保时捷）已跻身国际最高水准之列。

　　U 城是巴符州和整个德国比较典型的中小城市，城郊有小型的工业区，但近年来的支柱产业是文化和第三产业。当地有一所大学，全市约 8 万人口。U 城是全德人口年龄最年轻的城市之一，每平方公里 775 人的人口密度在德国应该算是比较高的。在由德国《焦点》(*Focus*) 杂志组织调查的一个"全德最佳生活质量城市排名榜"中，U 城名列前茅。

一、艾格莉亚纺织厂的员工住房和员工之家

　　我在卢斯瑠城区调研的最初阶段，发现有一张旧地图上标着大写的"WFU"的字样。我不明白这代表什么。"哦！当年这一大块地都属于 WFU。"一位老人指着那个区域告诉我，"WFU 是企业名称的缩写，它曾经是家很大的纺织企业，生产质量非常好的毛巾、浴巾和浴衣等。厂子里有自己的幼儿园、自己的电暖站，还有自己的木工、水电工等手工服务和修理部，承担了很多社会

责任。卢斯瑙这里很多家庭都有人曾在那里工作过。有些家庭两三代人都在那里工作过。很多妇女曾在那里找到工作。公司员工人数最多的时候有 1600 人呢!"

我大为好奇:"那么现在呢?"

"没有啦!"老人叹了口气,"破产了,2003 年商标和一幢楼被卖给了一家土耳其的企业。那里再也不生产什么了,土耳其人只是想把在土耳其生产的毛巾运到欧洲来卖。别的地方全部空着,破败啦,看着真是让人伤心。"

随着调研的深入,我发现老人所说的不完全准确。实际上,企业并非"没有"了,而是继续存在着,只是已缩减为一家员工人数只有二三十人的小企业了,而且也不是当年的生产企业——艾格莉亚纺织厂,转而成了一家销售公司。

在卢斯瑙举办的一次的村庄节上,当地的民间历史协会举办了有关艾格莉亚纺织厂的照片展,主要是呈现企业 1920—1970 年间的历史。我在博士论文中用"企业曾经的辉煌"来归纳这次展览的主题。在展览上,历史协会会长科勒先生仔细介绍了当年厂里如何为职工设置幼儿园和食堂、员工住房等,后面他又加上一句:"当然罗,他们这样做也是为了吸引工人和其他工作人员。"

另一位受访者瑉勒夫人一直怀念她在卢斯瑙的第一个新家园,那就是曾经属于艾格莉亚毛巾厂的"员工住房"(Werkwohnungen)。从艾格莉亚的发展史上来看,企业在 1924 年就开始建造提供给管理者和师傅的住房。这在 1927 年叙瓦策先生兄弟俩为庆贺父亲和伯父创立的"斯图加特叙瓦策兄弟公司"50 周年的纪念文章里,有较为详细的描述。企业先是在工厂后面的一块土地上建了一幢两层半的员工住房,聘请了当时有名的建筑师来设计,整个房屋由卢斯瑙当地的一个建筑企业承建,建筑工程的价格为26,000 金马克。

在接下来的几年里,企业在周围继续建造员工住房。后来艾格莉亚一共拥有了 10 套员工住房。当然,这些住房只是为中高层管理者以及师傅们提供的。卢斯瑙历史协会还仔细整理出 1930 年的 8 位住户的名单,其中 3 位是高层管理人员,5 位是纺纱、纺织等车间的"师傅"(Meister)。德国的"师傅"是必须通过德国工商业联合会考试和认证的一种资格头衔,要经过长期的学徒训练,在获得师傅的肯定并通过口试、笔试和技能操作等考核之后才算"修炼成功"。在工业企业中,称谓"师傅",既代表着高级技术人才,同时也是负责为工厂培养后续技术人才的重要人物。

可以看出,艾格莉亚早期建造的员工住房并不多,目的也主要是为了吸引优秀的管理人员和师傅。这一点在我与一些受访者的对话中也有体现:"你知道,在那个时候,艾格莉亚把全德国的纺织业人才吸引到这里来。"比如,在 1949—1977 年任印染车间主任的考厄先生原来是哥廷根的一家纺织厂的印染师傅,1949 年被艾格莉亚毛巾厂聘用后,全家迁到卢斯瑙,曾在员工住房里短时居住。1966—1967 年他在离卢斯瑙不远的另一个城区为全家建造了一幢房屋。

在叙瓦策兄弟的纪念文章里这样写道:"艾格莉亚想招聘高水平的师傅到卢斯瑙来工作,但都没有成功。而这些师傅选择其他纺织企业的原因,是因为那些企业能为师傅们提供住房。在这种情况下,艾格莉亚不得不考虑开始建造自己的员工住房。"由此可见,为高级技术人员和管理人员提供住房,绝对不是艾格莉亚的首创,而是当时并不少见的现象。

艾格莉亚在之后的发展中,也特意为工人建造住房,主要是在 20 世纪 60 年代为解决外籍工人的住宿问题而陆续建造的员工宿舍和简易套房。第一幢房子建在厂子附近,就在保留至今的意式地板滚球场和俱乐部后面,这一幢共有 18 个房间、2 间浴室、2 间厨房,每间厨房有 4 个电炉,每个电炉带 2 个灶头,另外还有一间大的公共活动厅。每个房间有 4 张床,这样这幢房子总共可以为 72 位外国员工提供住宿,当时在此居住的员工中一半是来自意大利和前南斯拉夫的工人。在建造了第一幢供外籍工人居住的宿舍之后,厂里后来又在旁边造了一幢住宅楼,里面是可供外籍员工全家居住的简易套房。

外籍员工当时在德国社会找房难的问题,从来自意大利的维瓦尔第先生的经历中可见一斑。他是 1955 年第一位到艾格莉亚工作的外籍员工,在 U 城还结识了德国女友,两人结婚之后一直找不到合适的房子居住,因为当时当地人不愿意把房子租给外籍工人。有三年时间两夫妻一直只能住在岳父母家,最后终于找到的房子在离卢斯瑙约 18 公里的一个小城。

但维瓦尔第的两位老乡的住房就很便利地解决了,因为那时艾格莉亚已经建好了上文提到的员工宿舍。2010 年 4 月 20 日的当地报纸上登载有记者对几位当年来自意大利的外籍劳工的采访,标题是:"艾格莉亚对于很多人而言也曾是家园",文章也是对企业这样解决员工的住房问题表示了一种认可。

企业还有一份专门的厂刊《艾格莉亚通讯》,刊印的时间段是 1956 年 12 月至 1974 年 12 月,至 1963 年为季刊,到后来减为一年三期,最后是一年分夏、冬两期。厂刊上面关于外籍员工的信息还是比较多的。1960 年有大量外籍员工到来,所以《艾格莉亚通讯》上还出现了第一篇用意大利语写的报道。1962 年员工人数中外籍员工占 12%,主要也是来自意大利;到了 1965 年,这个比例增长到 18%。而 1970 年《艾格莉亚通讯》夏季刊上报道各类员工的比例(实际进行统计的时间为 1969 年 3 月 31 日):当时全公司的职工人数为 1500 名,其中 340 名为外籍员工(166 名男性,174 名女性)。

当地电视台还拍摄了一部关于艾格莉亚纺织厂的专题报道,特意在片尾呈现两位曾在厂里工作多年的原外籍员工重回他们早前住过的房子。片子的拍摄时间是 2005 年,当时企业的一部分已经被土耳其一家纺织集团收购,大片的厂房闲置。从画面上看,这些居室虽然陈设简单,但清爽整洁,厨房、浴室和其他设备齐全。在六七十年代的《艾格莉亚通讯》上,还不时刊登一些外籍员工在这些居室里的生活照,那些来自意大利、前南斯拉夫、土耳其等地的员工,以他们自己的方式布置和安排着自己居室,给人的感觉,正如媒体、卢斯瑙人和地方史上常见的一句话:"让这些员工有那么一点新家的感觉。"

这部专题报道中特意将这两位当年的外籍员工的录影作为片尾,的确相当突出了某种"过去的好时光"的意味。其中一位外籍员工在一套员工住房里声情并茂地告诉记者:"我们刚到 U 城的时候,是厂里到火车站来接我们的。那么热情地迎接我们,欢迎我们到艾格莉亚来工作。"老人以那种非常"南欧式"的生动活泼模拟当年艾格莉亚"迎新人员"的话语:"你是织工? 太好了,你在我们这里可以大干一场……我们什么都可以提供,有住房,有食堂,所有的! 只要你们到我们厂里来工作就好了!"老人重温当年感受到的温暖,继续回忆道:"我们回家乡时,厂里的人还把我们送到火车站。还说,你们再回来的时候,一定提前打电话给我们,我们再到火车站接你们。"电视里那深沉的旁白为这些镜头做了总结:"像艾格莉亚那样热忱的接待,他们以后再也没有碰到过。"

镜头中的老人几十年之后仍然栩栩如生的记忆,让人想到这样一些问题:艾格莉亚当年能长时间地吸引外籍员工在企业工作,它的"企业气氛"究竟起了多大的作用或许是个重要的问题,但更重要的是:那样的"气氛"给员工过去的工作和生活带来了什么? 企业所做的这些"非生产性的行为",对于员工的生活和整个社会氛围作出了什么贡献?

视频中,老人最后总结道:"那个时候真是很好。那时,工作还是件有价值的事情。"他边上一位叫玛利亚的女工接口说:"而现在,你只是一个数字,或是别的什么。"她想表达的是:在当年那个时代,工作是被看作有价值的,所以她们在当时是被重视的,也是受欢迎的。她感觉自己在那时是真正被当作"人"来看待的,不像现在,只是一个数字或代码。玛利亚最后的评论:"(这种对比)是有意思的,也是令人伤心的。"玛利亚来自克罗地亚,60 年代初就到厂里工作,一直在厂子里工作了大约 40 年,后来被选为职工委员会代表,直到企业被并购之后才离开。

受人类学影响比较大的工业考古学中,已经关注到关于产业发展或工业企业对于地区多种族之间的社会互动的影响。有研究者发现,在 20 世纪两次世界大战期间的矿业对德国鲁尔工业区以及荷兰与比利时的邻近地区的多种族社区形成的积极作用[1]。而艾格莉亚的个案,也反映了如果企业作为共同体的建构是成功的,会在一定程度上帮助外来工作移民融入当地社会。

玛利亚他们所说的"那时工作还是有价值的事情",令人联想到经济人类学中对于"价值理论"的反思。[2] 在我的田野笔记中,记录了一位从 50 年代初就开始工作的原艾格莉亚的女工提供的信息:最开始的时候,他们的小时工资才 92 芬尼,到后来一点点地提高,到 80 年代中期大约是每小时 12 马克。在玛利亚和那位老人所描述的"过去的好时光"里,到 70 年代之后其实德国纺织业的平均工资已经低于其他很多行业。但是,总是有些什么,让他们觉得留在艾格莉亚工作是值得的,这是很值得琢磨的一个问题。

其他老员工也曾描述过,1955 年厂里开始实施的"优化组合"(REFA)让她现在提起来也还发憷:"刚开始的时候,我连上洗手

---

① 参见 Hicks,Dan and Mary C. Beaudry(eds.)2006. *The Cambridge Companion to Historical Archaeology*. London:Recherche。

② Graeber,David 2005. Value:Anthropological Theories of Value. In Carrier,James G. (ed.):*A Handbook of Economic Anthropology*,pp. 439—454. Cheltenham and Northampton:Edward Elgar.

间的时间都没有！"这种受泰勒"时间—动作"理论影响的"合理化改革"，对工人们的身心影响是很明显的。"劳动（或工作）是艰辛的"，对于熟悉纺织业的人来言，都知道这一点，但弗李西太太说："如果员工感觉满意的话，也就乐意工作。"她和其他很多艾格莉亚的员工，是乐意工作的典范。

二、格明德斯村——合乎人的尊严的工人住宅区

有一位受访者曾经是艾格莉亚全盛时期的中层管理人员，谈及艾格莉亚为外籍员工提供的住房时，他也认为这是当时企业比较人性化的一个表现。但他后面还是"谦虚地"加了一句："虽然有些住房的居住条件还是不够'合乎人的尊严的'（menschenwürdig）。"他评论的是那种一间房内放置高低铺位的宿舍。当时听到他这句"谦虚"的话语，我并不是很惊讶，因为之前已经见识过在德国民众眼里"非常合乎人的尊严的"房屋，那就是罗伊特林根市的工人住宅区"格明德斯村"。

我是在 U 城一个由艺术家与工艺师合办的集市上认识插图家卡琳的，她当时在 U 城为孩子们签售她与合作者本恩哈德的漫画书。她住在罗伊特林根，不过很喜欢 U 城。"如果您有空，约个夏日的夜晚我们可以在 U 城某家啤酒花园好好聊聊！"卡琳在邮件中这样建议。

在一个周末的傍晚，我们在内卡河边那家占据风水宝地的啤酒馆碰头了。卡琳把她的合作者本恩哈德也带来了，我们聊了很多有意思的话题。当夏夜的微风、河边的乐声和月下的笑影已逐渐隐入记忆，席间的几个关键词，却在接下来的德国经历中越来越清晰地浮出水面。

在谈到我在德国的研究主题时，本恩哈德说："说起来，我曾经在一个工人住宅区（Arbeitersiedlung）住过。"卡琳接口说："我

现在就住在那么一个区里！叫格明德斯村。"关于格明德斯村和田园城市的话题就这样展开了。

他们俩对工人住宅区的介绍引起了我很大的兴趣。所以，没等和卡琳约好（因为他们俩接下来要去各地推介他们的画册），就自己先跑去一睹为快了。

格明德斯村离卢斯瑙不远，就在 U 城附近，是巴符州最重要的工业和商业城市之一罗伊特林根的一个城区，从市中心坐 6 路车就到了格明德斯村（Gmindersdorf）。

一到那里，整个街区的建筑就让我睁大了眼睛："这就是所谓的'工人住宅区'?"虽然在听了卡琳他们的介绍之后我去找了些资料，也欣赏了不少拍摄格明德斯村建筑的影像作品，但当我实地站在那里，这些美轮美奂、别具特色的房屋集聚出一种强大的"气场"，着实把我震了一下。下面图片（及彩图 4）摄于 2008 年 6 月。

图 3　格明德斯村的"工人住宅区"之一

沿最近的一条街走，会感觉每幢房子都值得拍照存留下来。正值夏日，几位房主在为屋子修顶刷墙，我的惊讶应该不会打扰到他们，因为此处经常有各种专业或业余的建筑师或摄影师光顾。原来卡琳就住在这样一个鲜活的"文化遗产区"！格明德斯村是罗伊特林根 20 世纪最重要的建筑"文物",也是巴符州建筑界和工业企业界今日的骄傲。

在 1903 年至 1923 年之间,罗伊特林根的乌尔里希·格明德纺织厂(Textilfabrik Ulrich Gminder)在这里建造了这个"工人住宅区"。作为当时欧洲最大的纺织企业之一,格明德纺织厂也和其他工业企业一样,当年面临的"最大的社会问题"是员工住房问题。之前工厂的员工都是附近的村民,他们每日往返来厂里上班。但企业大规模扩展之后,急需聘用从外地迁居到这里的员工。因此,企业管理层在 1902 年时决定建造一个"工人居住区"(Arbeiterkolonie),以欧洲其他地区已建好的类似的居住区为模板,比如德国鲁尔工业区和英国的一些工人居住区,同时也考虑建造一些必要的"福利设施"。

在 1904 年 5 月 29 日写给市政府的信件中,企业管理层明确表示:"要寻求第一流的设计,尽管只是在工业区中建造工人住宅。"而其建筑外形也"将展示独特的风格"[①]。这个任务后来就由斯图加特"明星级"的建筑师特奥多尔·费雪尔(Theodor Fischer)完成。企业主和管理层对他的设计极为满意,1915 年费雪尔完成了幼儿园的设计之后,当时格明德企业的总经理称他为"天才的设计师"。

当我阅读德国研究者对费雪尔格明德斯村建筑设计的一些评价时,不禁联想到了与陶艺师基达伊希先生讨论过的关于人智学的一些建筑和艺术理念,感到有一些本质性的理念,在那个时代以及那样一些艺术家那里,或许是有共通之处的。在费雪尔对格明德斯村的设计中,人的生活环境与自然、艺术美学的和谐是最高准则。住宅区布局类似于一种自然形成的村庄,但由于它的地理位置,实际上又是一个乡村式的小城区。建筑师为当时第一

---

① Heimatmuseum-Reutlingen(Hrsg.) 2004. *Arbeiter-Siedlung Gmindersdorf. 100 Jahre Architektur-und Alltagsgeschichte*. Reutlingen: Verlag Oertel＋Spörer, S. 10.

批的 48 幢房子设计了 18 种风格各异的房屋类型。

更令人感兴趣的是,在这样的建筑和城市设计背后有着宏大的"社会政治理念"。企业与设计师共同为工人居住区确定了"合乎人的尊严"的居住环境和社会福利机构。房屋基本上都是二层或三层高,德国常用的词是"双户家庭房屋"和"多户家庭房屋"(Doppel-und Mehrfamilienhäuser)。每户人家都有自己独立的入口,房前或房后有花园,屋内卧室朝南,并建有卫生间、水和天然气管道,这在当年是很不寻常的高质量生活。即便在当代的生活条件下,这些房屋也仍然适用。卡琳曾经评论过自己的居所:"就是居住面积要比现在的一些新房子小不少,但其他都还是蛮舒适的。"

进入住宅区的中心处,会突然看到以环形展开的一个大建筑,不了解此地的人或许会觉得像是某个"宫殿入口"。本恩哈德很精彩地介绍过这类当年的"工人住宅区"总体布局:除了普通住宅之外,还有幼儿园、儿童活动场、老人院、体操房和公共活动或事务厅(Gemeinschaftssaal),另外还设有"消费合作者"的商店(Konsumladen)、面包房、肉铺和餐馆,格明德斯村当时还建了一家旅馆。而那个环形建筑,就是当年设计建造的养老院。从工厂退休的夫妇可以住在中央的院子里,而两翼处是专门为单身或丧偶的老年人准备的居所。下图是我于 2008 年 6 月拍摄的这一建筑的照片:

越往住宅区深处走,就越感受到此地浓厚的自然和历史的意蕴。孩子们活动的场所有好几处,在如此有历史的建筑和树木庭院中,孩子们的嬉笑声给人一种强烈的时空妙趣。而且最重要的是,这里虽然叫"村",但并非现代化未及之地。让人不禁想起,巴符州居住人口中就业于工业界的人数比例在德国是最高的,而罗伊特林根市正是在二战结束前被盟军指定摧毁的德国工业重镇之一。

图 4　格明德斯村的环形建筑——养老院

可以理解,在这样的社区里生活的人会有一种"自豪感",这里的居民们还成立了一个"格明德斯村居民协会"(Bürgerverein Gmindersdorf e. V.)。

1967 年,德国纺织业已开始走下坡路,格明德纺织厂的产业转让给了博世公司。当时租用格明德村房子的居民在那时有机会购买房产,很多人家也的确这么做了。他们在购房之后就将自己的房屋进行设施改造。不过,按照德国"建筑文化遗产保护"的法律,住户只允许将屋子内部的设施进行改造,而房子的屋顶、外墙、阳台和窗户等,不允许有破坏遗产风格的改动。

三、"田园城市"和资本主义批判

格明德斯村并非德国企业建员工住房的先驱,德国最早的工人居住区建于 19 世纪中晚期,例如,始建于 1846 年的奥伯豪森(Oberhausen)附近的艾森海姆工人居住区(Eisenheim),由矿工企业古特霍夫依斯胡特(Gutehoffnungshütte)兴建,占地 7 公顷,第一批住宅是 10 幢一层半的民宅。著名的钢铁大王克虏伯公司也在 19 世纪 60 年代和 70 年代,在克虏伯父子(Alfred Krupp,Friedrich Alfred)掌管企业时,逐渐建起了一批工人住宅区。房屋也多为两层,并设有专门的建筑办公室。[①]

而德国学术界在评论这些"企业办社会"的行为时,"一分为二"地指出:有些企业家也并不完全是由于"人道"和"慈善"的动机来建造这些工人居住区的。比如,格明德斯村建成使用之后,使得工人们由于住房问题而对企业产生一种依附的状态;住宅区内房屋前后有园子,工人们可以在院子里种植蔬菜瓜果,对于这种行为企业管理方是鼓励的,其中一个目的是为了使工人的闲暇时间被占用,从而避免他们热衷于参加工人组织这样的政治活动。[②]

很有意味的是,当年那些工人居住区的建造理念,与"田园城市运动"有着千丝万缕的关系,而田园城市运动实际上从一开始就具有反资本主义的倾向。撰写《明日的田园城市》并促发 20 世纪世界性"田园城市运动"的英国人霍华德(Ebenezer Howard),明显受到激进的左翼理论和理想的影响,比如罗伯特·欧文(Robert Owin)的社会改革思想、哈里·乔治(Herry George)的"单一税"(single tax)主张、爱德华·贝拉米(Edward Bellamy)的完全合作化的社会形式等,都对霍华德产生了重大的影响。他的思想具有很明显的社会主义色彩,不过他主张把社会的变革首先放在一个较小的社团中进行试点来实现。这在他罗列的田野城市理念的实现条件中也清晰可见:第一,土地应归集体所有,尤其是土地使用的控制权应掌控在公众手中;第二,应把贷款利率固定在最低水平,而取得的利润则用于社区的设施建设;第三,限制城市用地的扩张,并加强城外绿地建设,以方便市民与自然的亲

---

① 赖因博恩(Dietmar Reinborn):《19 世纪与 20 世纪的城市规划》,虞龙发译,北京:中国建筑工业出版社,2009 年,第 28—30 页。

② Heimatmuseum-Reutlingen(Hrsg.)2004. *Arbeiter-Siedlung Gmindersdorf: 100 Jahre Architektur-und Alltagsgeschichte*,S.71.

近;第四,通过必要的审查制度以保证城市建设的多样与和谐;第五,尽可能采用公社或合作社的形式实现田园城市的目标。①

田园城市的理念传到德国之后,汉斯·坎普夫迈尔(Hans Kampffmeyer)于 1905 年在卡尔斯鲁厄(Karlsruhe)创立了德国田园城市协会(Deutsche Gartenstadt-Gesellschaft,简称 DGG)在当地的组织。1909 年,位于德累斯顿郊外的德国第一座田园城市海勒瑙(Hellerau)得以兴建,其设计早在 1906 年就已开始。从 19 世纪末到 20 世纪 20 年代之间,德国大约兴建了 40 座田园城市。② 德国田园城市组织还致力于工业和农业的结合,倡导共同体经济、社会改良和文化改革。1937 年,该组织不幸被纳粹政府取缔。但是,如同魏玛共和国一样,德国历史上各种行动者尝试开辟有别于资本主义发展道路的努力,不可能在德国社会了无痕迹。

国内对于田园城市理念和行动的兴趣,可以分为截然不同的两类,一类显然是误读了田园城市的原初理念,并将此改造成了一个有利于市场营销的"花园城市"类的概念。也有另一类中国学者提醒国人在思考今日中国城市的走向时,要重新关注田园城市的人道主义和社会责任等原初关怀;也有学者对德国田园运动的思想理念和实践进行了详细的梳理③。吴志强教授在纪念霍华德提出"田园城市"概念 100 周年时呼吁:"现代城市规划存在的必要就是因为纯粹自由的市场经济不完善,需要城市规划作为调控手段,以达到社会在市场经济条件下的公平和和谐。处于全球化时代的今天,城市规划应该为生活在城市中的所有人,不论其

---

① Howard, Ebenezer 1965. *Garden Cities of Tomorrow*. Cambridge, Massachusetts: The MIT Press. 霍华德(Ebenezer Howard):《明日的田园城市》,金经元译,北京:商务印书馆,2000 年。

② Schaefers, Bernhard 2010. *Stadtsoziologie: Stadtentwicklung und Theorien-Grundlagen und Praxisfelder*. Wiesbaden: VS Verlag.

③ 如陈旸:《德国"田园城市"运动思想探析》,载《中共福建省委党校学报》,2010 年第 4 期,第 91—96 页。

不同文化背景、不同种族、不同性别、不同年龄、不同宗教信仰、不同职业和不同收入阶层,而创造和谐的城市社会生活。"[①]

结　语

波兰尼曾这样论述双向运动:"它可以体现为社会的两种组织原则的行为,其中每一种趋势为自己规定了具体的制度上的目标,拥有一定的社会力量的支持并且使用它自己的独特方法。其中之一是经济自由主义的原则,旨在建立自我调节的市场,依赖的是贸易阶层的支持并且主要使用自由放任与自由贸易作为其方法;另一种是社会保护的原则,旨在保护人类和自然以及生产组织,依赖的是那些最直接受到来自市场的有害行为影响的人——主要,但并不仅限于工人阶级和地主阶级——的各不相同的支持,使用保护性立法、限制性协会和其它干预的手段作为它的方法。"[②]

本文透视了德国反向运动中的一个组成部分——工人住宅区和田园城市的建设,它们体现了德国浪漫主义运动和人道主义关怀在企业界和城市规划中的影响。关于"人的尊严"的思想基础来源多样,作为德国实体经济中重要行动者的企业家,在社会国原则、宗教甚至社会主义等思想中寻找和挖掘其承担企业社会责任的理念基础和实践动力。

如果说,德国的市场经济模式呈现出一种相对人性化的一面,那么,这里讲述的有关反向运动的故事,是在说明这种人性化是由来自不同阶层的行动者思考、抗争、协商或妥协而来。我不

---

① 吴志强:《百年现代城市规划中不变的精神和责任》,载《城市规划》,1999 年第 1 期,第 27—32 页。

② 波兰尼:《大转型:我们时代的政治与经济起源》,刘阳、冯刚译,杭州:浙江人民出版社,2007 年,第 141 页。

止一次地感慨，"在德国做实地调研时的意外所得本身就值得回味：我曾在一位陶艺家那里做访谈，结果居然发现他对资本主义批判很有研究；而碰到一位写地方史的退休员工，他原来是工会旗下的知识分子；当我对一家私有企业的发展史进行调查时，结果有受访者建议我好好去了解一下以公共福利为目标的企业。这些或许是巧合，但巧合得意味深长。"①

关于德国人居环境建设在企业领域中的历史呈现，从艾格莉亚公司的员工住宅到格明德斯村的工人住宅区，行动者的话语和实践是个案，但又超越个案。从德国资本主义发展过程来看，国家干预、集体主义、合作主义或新合作主义等理念一直都很有影响力，即便是在自由市场经济占据执政地位之时。在各个历史阶段，德国社会中有着对社会改革和经济发展持各种不同观点的党派、群体和个人，他们的观念、思想和政策建议如何影响"双向运动"，是值得人类学家继续探究的课题。

作者简介：周歆红，浙江大学管理学院讲师。

---

① 周歆红：《德国田野经历及其反思》，《中国社会科学报》2018 年 9 月 7 日，第 5 版。